生活賽局中的心理博弈

從囚徒困境到納許均衡，
解析決策背後的動機原理，掌握商場先機

從賽局理論中學習成為生活的贏家

如何在進退之間做出正確抉擇
借勢而為，化弱為強
利用資訊不對等，創造優勢
找到最佳解答，贏得最後勝利

明道 著

目錄

目錄

第六章

獵鹿賽局 —— 合作雙贏的博弈策略

第七章

智豬賽局 —— 借他人之力獲益的博弈策略

第八章

混合策略 —— 迷惑對手的心理博弈策略

目錄

目錄

第十四章
公共知識 —— 將事實變為共識的博弈策略

第十五章
資訊博弈 —— 知己知彼的博弈策略

前言

　　提到博弈，很多讀者一頭霧水，也許首先會想到這是從賭博或棋類競技中衍生的概念，接著便會聯想到那宛如天書的公式與圖表，那晦澀難懂的概念和術語，一個個複雜的理論模型，一種種與生活毫無關係的理性假定，這些是對賽局理論了解不深所致。

　　對賽局理論的研究雖然只有不到百年的歷史，但人類的博弈行為卻已進行了幾千年，而且只要人類存在，人與人之間的博弈就會進行下去。從這個意義上來說，每個人從生下來第一聲啼哭就開始了在世間的博弈，博弈行為貫穿人類生命的始終，因此，我們說賽局理論是每個人都離不開的一門學問，無論你是否專門地學習過賽局理論，實際上你每天都會有意無意地用到其中的原理與方法。

　　人生是一個大舞臺，我們時刻都在扮演著不同的角色，但不管扮演什麼角色，我們都免不了與他人產生交集，發生利益關係甚至競爭，由此便產生了博弈。博弈的過程就是選擇策略的過程，不同的策略選擇會出現不同的結果，這就是博弈能夠帶給大家的樂趣，讓我們在生活中發現更多的精彩吧。

前言

　　著名經濟學家保羅・薩繆森（Paul Anthony Samuelson）說：「要想在現代社會中當一個有文化的人，必須對賽局理論有一個大致了解。」作為一種關乎選擇和決策的理論，賽局理論中的許多例子是與日常生活分不開的，它們相互影響和補充。不論是小孩子玩「剪刀石頭布」，還是江湖豪客的性命相搏；不論是經濟戰爭，還是軍事戰爭；不論是運動場上的競技，還是億萬年來在生物圈內演義的生存競爭，大到一國，小到一人，重到一決生死，輕到為博一笑，各種博弈都遵循著共同的思路。

　　理解博弈，運用博弈，會使我們在生活中更加遊刃有餘。為了實現利益的最大化，一定要學習賽局理論的精髓，做好利益的分割，達到最好的結果。這是我們必須了解、學習博弈的根本原因。

　　之所以要向讀者講一些博弈中最粗淺的知識，一則是因為有趣，透過閱讀本書，你會發現聽起來有些高深莫測的「賽局理論」，原來是這樣的有意思；二則是因為實用，你會發現掌握了博弈的一些基本原理後，你的思維方法會隨之改變，以前在你看來百思不得其解的問題或生活中見怪不怪的現象，都可以從裡面找到答案 —— 比如為什麼大學的戀人畢業了就說分手？甜蜜的小情侶除夕夜去誰家過年？危難當頭，為什麼人會本能地逃跑？狹路相逢，往前衝與向後

退執得執失？孩子因為要求沒有被滿足而哭鬧，父母該不該妥協？競爭中實力弱小就一定處於劣勢嗎？有沒有可能透過「搭便車」或「隔山觀虎鬥」來贏得最終的勝利？有些人為的安排可以讓你在談判中占盡先機？背水一戰、破釜沉舟為什麼能夠取得戰爭的勝利……

總之，生活有無限種可能，也有無限種狀況，沒有任何一本書能窮盡生活中的各種可能。但是經由閱讀本書你會發現，同樣是一件事情，如果採用賽局理論中所說的「策略性思維之道」，許多難題會迎刃而解，而且也會獲取更多的收益。

需要告訴讀者的是，不要把賽局理論看成一門艱深的學問，實際上它很有趣味，很有意義。你眼前的這本書就充分地證明了這一點。這是一本不需要任何經濟學或數學基礎就能輕鬆閱讀的書；你會覺得它很有意思，隨便翻開哪一頁都能意興盎然地讀下去；很實用，實用到你覺得學習了這裡面的博弈常識，你的思維方式就有了「革命性」的變化，對一些事情的認識、理解及處理方式的選擇有「豁然開朗」之感；同時你會對賽局理論產生一定的興趣，甚至覺得透過本書了解賽局理論還有些「不過癮」，想自己再搜尋一些更深、更全面的賽局理論來自我探討。

當然，以上這些話，你也可以視為作者跟你之間一個小小的博弈。是否願意翻看或者購買本書，你會如何做出選擇呢？

第一章

賽局理論 —— 讓你成為生活中的贏家

　　西元 2005 年因賽局理論而獲得諾貝爾經濟學獎的羅伯特·約翰·歐曼（Robert John Aumann）教授，將博弈定義為策略性的互動決策。無論是下圍棋、賭博還是為謀取利益而競爭，其實質都是在做策略性的互動決策。假如你是一個理性的人，你在考慮自己做何決策時，一定會考慮其他的當局者會選擇什麼樣的決策。

　　實際上，每個博弈者在決定採取何種行動時，都會考慮他的決策行為可能對其他人造成的影響，以及其他人的反應行為可能帶來的後果，藉由選擇最佳行動計畫來尋求收益或效用的最大化。因此，對賽局理論通俗的理解就是：它是關於人與人「耍心機」的學問，是如何在鬥爭中讓自己更加「老謀深算」，從而立於不敗之地的學問。

心理博弈無處不在

　　每天清晨，當人們踏進菜市場的那一刻，博弈其實已經開始了。在挑選青菜時，一些家庭主婦總愛挑揀新鮮的，還要把枯黃的葉子扯掉；而賣菜的小販就會極力勸阻：「大哥大姐啊，那些都能吃，不是壞，是缺水了，別挑了，每把菜上都有……」買菜的為了挑到滿意的菜，賣菜的為了賣出更多的菜，雙方不斷調和，最終達成一致，這也是個博弈的過程。

　　生活中，博弈無處不在，只是人們沒有把自己的日常經歷理解成一種博弈。其實很多平凡的事情，甚至是某一刻的一個心理活動，都可以用賽局理論來進行解釋。比如，熱戀時期的男女時刻都在博弈著。

　　假設有這樣一對熱戀中的情侶，A 先生和 B 女士，他們都是工作繁忙的白領階層，星期五晚上好不容易有時間，於是約好下班後來一場浪漫的約會。但是在去看電影還是去聽音樂劇的問題上，兩人產生了分歧。A 先生想看電影，因為他最喜歡的一部科幻片正好上映，他很希望女友能了解自己的喜好，加深思想層面的溝通。但 B 女士對電影的興趣不

大，她更喜歡聽音樂劇，因為她從小生長在一個音樂世家，父母都是音樂老師，她希望男友能認可自己的興趣愛好。兩人都想說服對方聽從自己的安排，因此一頓飯吃了一個多小時，大部分時間都在討論是去看電影還是去聽音樂劇。

如果 A 先生同意 B 女士的安排，去看音樂劇，他做出了妥協，博弈的結果是 B 女士勝利了，她獲得的滿意度自然較高；如果 B 女士做出了妥協，去看電影，那麼 A 先生獲得的滿意度自然較高。倘若兩人中的任何一方都願意退讓一步，那麼兩人約會的結果能處於一個平衡的狀態，但若兩人的個性都比較強勢，那麼兩人約會的滿意度會比各自單獨活動要低。試想一下，哪種博弈結果是比較合意的呢？其實，如果兩人能在約會之前擬定一個彼此都能接受的規則，如今天由女士決定約會地點，明天由男士決定約會地點，或者用猜拳或其他遊戲來確定選擇，兩人的滿意度會更高。

任何一個博弈者為了獲得最大利益，都免不了與他人形成競爭關係，最終達到雙方的均衡。可能有人懷疑，朋友之間、親人之間怎麼會存在利益之爭？這裡的「利益」，不單指具體的錢財，也可以是心理上的滿足，或者是其他的目的。

其實，在沒有創立賽局理論的時候，人們已經不自覺地在博弈了。雖說有了賽局理論，懂得此論的人也不見得總是

贏家，但是為了做出正確的選擇，或者與他人更好地合作，人們應該學習一點賽局理論。

博弈，是一種非常重要的交際工具。在社會交往中，懂得博弈，就可以與他人更好地進行合作，也可以贏得好人緣；在處世中懂得博弈，能夠將我們的利益最大化。博弈的智慧是從生活中提煉，再反過來應用到生活之中，只要掌握了博弈的技巧，生活其實就可以變得簡單。

在為人處世中盡量多掌握博弈的一些原理和方法，會使你對生活的駕馭能力變得更強。在競爭激烈的社會環境中，懂得博弈的技巧，會讓你的思路變得更加開闊，處事的失誤也會隨之減少，辦事效率大大提高，那麼成功的機率也自然變大。

有關博弈的理論看起來深不可測，其實中心思想很容易理解。賽局理論主要研究人們如何利用決策來應對或改變對方的決策，並使用決策來博得最大利益，或者達到雙贏的結果。每個人都是博弈者，當我們面對一件事時，頭腦中會浮現出自己想要的結果，然後根據這個目標來決定採取何種行動，決定採用何種方法和策略，不但要根據自身的利益和目的行事，還應當考慮到自己的決策行為對其他人產生的影響，以及其他人反應行為的可能後果。考慮得越周全，越能夠調動前瞻性思考的人，在博弈中勝出的機率越大，因為他們能透過選擇最佳行動計畫，來尋求最好的結果。

賽局理論啟示

　　在現實生活中，人與人之間的相處與行事，都是一場場博弈。博弈不僅是一種智慧，更是一種生存法則。博弈，意味著人們要透過選擇合適的策略取得合意的結果，在這個過程中，博弈者的最佳策略是最大限度地利用遊戲規則。而無論是社會的最佳策略，還是個人的最佳策略，一旦開始博弈，博弈者就應當尋找規則和規律，掌握對自己有利的策略，最大限度地贏得勝利。

人的理性是博弈的前提

賽局理論中，有一個基本的假定就是：所有的博弈參與者都是理性的。白話地講就是，大家都是聰明人，誰也不比誰更傻，你想到的別人也想到了，而別人想到的你也能想得到。

在博弈中，「所有的人都是理性的」在經濟學上叫做「理性經濟人假設」。所謂「理性經濟人假設」原本是西方經濟學的一個基本假設，即假定人都是利己的，而且在面臨兩種以上選擇時，總會選擇對自己更有利的方案。西方經濟學鼻祖亞當‧斯密（Adam Smith）認為，人只要當「理性經濟人假設」就可以了，因為「如此一來，他就好像被一隻無形之手引領，在不自覺中對社會的改進盡力而為。在一般的情形下，一個人為求私利而無心對社會做出貢獻，其對社會的貢獻遠比有意圖做出的大」。

而賽局理論中的「理性經濟人假設」，則是指博弈的參與者都是絕對理性的，其參與博弈的根本目的就是透過理性的決策，使自己的收益最大化。也就是在環境已知的條件下，採取一定的行為，使自己獲得最大的收益（在賽局理論

中稱為「最佳反應」)。在賽局理論中，儘管個人收益不僅由自己的策略選擇與市場狀況決定，更為重要的是，參與者要考慮到其他理性參與者會採取的決策，於是每個人都將面臨複雜的情況。即便如此，我們仍然可以把理性條件下的策略選擇視為數學問題，以決策者的收益最大化為目標。因此，賽局理論中的一些理論模型，只有在「參與者是理性經濟人」這一條件下，才會將作用發揮到最大。

有一種批評賽局理論的觀點認為，理論上的博弈需要太高的計算理性，這幾乎是一個不近現實的要求，因為賽局理論所要求的完美計算能力或推理能力是絕大多數人所不具備的。譬如下圍棋，每個人的能力都不一樣，不可能人人都能達到專業九段的水準。此外，人的精力與時間總是有限的，人不可能具有完全的理性。

在現實生活中，人們做決策時的理性也是有限的，因為人在做一個決定前，不可能掌握所有的知識和訊息。而且蒐集知識和訊息也是需要成本的，有時甚至還會為此付出大量的時間與金錢。因此，企圖蒐集所有訊息以做出收益最大化的決策，有時反而是最不理性的。

比如玩拋硬幣打賭遊戲，當玩過了第一次之後，又被問到是否重新來一次的時候，大部分人的回答完全取決於他們是否贏了第一次。然而，如果在第一次的結果出現之前就決定是

否再來一次的話，大部分人都不願再玩。這種行為的思考模式是，如果第一次的結果已知，贏的人就會認為在第二次打賭中不會損失什麼，輸的人便會將希望寄託在下一次打賭中。但是如果第一次結果未知，雙方都沒有足夠的理由來玩第二次。

如果人們完全具有理性心理，就意味著人們對每個選擇的確切後果都有完全的了解。但是事實上，一個人對自己的行動條件的了解，從來都只是零碎的。當然，從另一方面來說，人們的精力和時間永遠是有限的，人不可能具有完全理性，不可能掌握所有的知識和訊息。意圖掌握自己想知道的所有訊息，本身就是不理性的行為。

既然人的理性是有限的，那麼是否就可以認為博弈毫無用武之地呢？答案當然是否定的。且不說對一些複雜的計算我們可以藉由電腦來完成，更重要的是，賽局理論提供的是策略思維的習慣與方法，即便是計算能力很糟糕的人也會因其利益而磨練其策略技巧，並從自己和他人的經驗中逐步學習。比如一個賭場高手，他很可能沒有學過數學，更不知道什麼是賽局理論，但是他透過賭場上其他人已經打出的牌，根據每個人在賭局中所說的話、臉上的表情，能大致估算出每個參與者的手裡可能握有什麼樣的牌，他打出什麼樣的牌不至於輸掉賭局。這會使得他每出一張牌都像精心算計過的一樣，因此他極少失誤。

賽局理論啟示

　　從長期的策略競爭中最終獲勝的人，他的策略行動一定符合理性的「最佳反應策略」。儘管他本人可能從來沒有學過賽局理論，也不知道什麼叫博弈，但長期以來累積的經驗告訴了他該如何做出策略選擇。這就如同魚不懂得浮力定律，但這並不會妨礙魚在水中游動一樣。儘管事實上參與博弈的人不一定具有完美理性，但卻可以在博弈中磨練自己的完美理性，從而使自己的行動越來越符合「理性經濟人假設」的要求。

賽局理論就是教你「策略化思維」

西元 2005 年諾貝爾經濟學獎授予了美國紐約州立大學斯坦尼分校經濟系和決策科學院教授、具有以色列和美國雙重國籍的羅伯特・歐曼以及美國人湯瑪斯・C・謝林（Thomas Crombie Schelling）。理由是這兩位經濟學家利用賽局理論理論研究人與人、國與國之間的衝突或合作關係產生的原因，「加深了我們對衝突與合作的理解」。這是近十多年來賽局理論及其應用研究的學者第六次榮獲諾貝爾經濟學獎。

賽局理論如此備受寵愛，關鍵在於其深厚的現實基礎及其對現實問題的解釋。比如，國家利益和國內社會衝突激烈化，為賽局理論的應用和發展提供了現實基礎；賽局理論充分展現了整體方法論，它提供了一套研究利益衝突與合作的方法；賽局理論與辯證法緊密相連，進一步演繹和發展了辯證邏輯；賽局理論的應用使人們對經濟執行過程的理解更貼近現實等等。但對於大多數讀者，尤其是對經濟學、數學不太了解的讀者而言，學習賽局理論的好處在於，它能教會你「策略化思維」。

讓我們來看下面的例子：

　　西元前 203 年，是楚漢相爭的第三個年頭，兩軍在廣武對峙。當時項羽糧少，欲求速勝，於是隔著廣武澗朝著劉邦喊話：「天下匈匈數歲者，徒為吾兩人矣。願與漢王挑戰，決雌雄，勿徒苦天下之民父子為也。」意思是，天下戰亂紛擾了這麼多年，都是因為我們兩個人的緣故，現在咱倆「單挑」以決勝負，免得讓天下無辜的百姓跟著我們受苦。面對項羽的挑戰，劉邦是如何應答的呢？「漢王笑謝曰：『吾寧鬥智，不能鬥力！』」就是說，我跟你比的是策略，而不是跟你比誰的武功更高、力氣更大。

　　比起項羽，劉邦顯然更具有策略性思維，也就是說，劉邦的想法更符合賽局理論。因為現實生活中的很多對抗局勢，其勝負主要取決於身體或運動技能，如一百公尺賽跑、跳高比賽、公平決鬥等，要在這些對抗局勢中獲勝，你只需要鍛鍊身體就可以了。這樣的對抗局勢雖然也可納入賽局理論的研究範疇，但是這些絕非賽局理論研究者最感興趣的話題。在更多的對抗局勢中，其勝負相當程度甚至完全依賴於謀略技能。比如一場戰爭的勝負，往往取決於雙方的策略和戰術，而不是哪一方的統帥體力更好，武功更高。要在這樣的對抗局勢中獲勝，你需要鍛鍊的是謀略技能，也就是上文劉邦所說的「吾寧鬥智，不能鬥力」。眾所周知，楚漢相爭的結局是劉邦贏得了天下，而項羽兵敗自刎而死。「鬥智」

是賽局理論研究者深深感興趣的，也是我們學習賽局理論能夠有所收穫的。

在人生的競技場中，渴望成功是每個人的天性。所以，人們一直努力磨練競爭的技巧，並希望尋找到成功的法則。雖然事實上沒有什麼法則可以確保人們絕對成功 —— 就像世界上從來不存在真正的「常勝將軍」一樣，但是競爭的技巧可以透過磨練而來，也可以從學習中掌握。它雖然不能使一個人永遠立於不敗之地，但可以改善一個人在競爭中的處境，增加獲得成功的機會 —— 即使是失敗，人們也力求將失敗的損失降到最低，這也是為什麼人們更願意接受損兵折將的結果，而不願看到一敗塗地的局面。而學習賽局理論，即學習策略性的思維之道，恰恰可以滿足人們獲取成功、避免失敗的心理需求。也就是說，賽局理論將提供必要的知識工具，讓你在博弈中的利益最大化。

◆

賽局理論啟示

賽局理論並非多麼高深的理論，經過了幾十年的研究，已經從科學研究變成了一條條淺顯的道理。人們在生活中遇到的問題，也都可以從博弈中找到答案。有些人之所以抱怨生活複雜，其實就是因為不懂得賽局理論。不能在博弈中尋找最佳策略，也就不能很好地駕馭生活。

損人利己的零和賽局不可取

我們都玩過撲克牌，現在就請大家玩一下撲克牌對色遊戲。A、B 兩個參與者，每人從自己的撲克牌中抽一張出來，一起翻開。如果顏色相同，A 輸給 B 一塊錢；如果顏色不同，則 A 贏 B 一塊錢。我們把「大王」和「小王」從撲克牌取出，以確保一副撲克牌中只有紅和黑兩種顏色。所以，每個參與者的策略都只有兩個：一是出紅，二是出黑。

在這個遊戲中，如果贏得一塊錢用 1 來表示，輸掉一塊錢用－1 表示，那麼讓我們來分析一下可能出現的結果：A 出紅 B 也出紅，顏色相同，A 輸掉一塊錢，得－1，B 贏得 1 元錢，得 1；A 出紅 B 出黑，顏色不同，A 贏 1 元錢，得 1，B 輸掉一塊錢，得－1；A 出黑 B 出紅，顏色不同，A 得 1，B 得－1；A 出黑 B 也出黑，顏色相同，A 得－1，B 得 1。

我們發現，在這場博弈中，每一對局之下博弈的結果不外乎 A 輸一塊錢 B 贏一塊錢，或者 A 贏一塊錢 B 輸一塊錢，每一對局中，一人收益意味著另一人的損失，而兩人支付的和總是為零，我們把這樣的博弈稱為「零和賽局」。

在零和賽局中，一方贏則另一方輸，但幾次博弈下來如果雙方輸贏情況相等，則財富在雙方間不發生轉移。

社會的各方面都存在「零和賽局」的現象，勝利者榮光的背後往往是失敗者的眼淚。然而，隨著經濟的發展、科技的進步和全球化，「零和賽局」觀念逐漸被「正和賽局」觀念所取代。人們開始意識到「利己」不一定要建立在「損人」的基礎上。透過合作，「利己不損人」與「利人利己」的局面都是可以實現的。

在自己獲取利益的同時，能夠不損害別人的利益，甚至還能為對手留下足夠的利潤空間，昔日的競爭對手不但不會對你打擊報復，反而會因為你明智的舉動成為你今後的合作夥伴。可見，博弈的智慧在人際交往中也是相當適用的。

劉邦曾說：論興邦治國，他不及張亮、蕭何；論帶兵打仗，他不及韓信。儘管種種才能都不及他人，但他從未嫉賢妒能，更未伺機打擊或損害他人，以此奠定自己的威嚴地位。相反，他將各位英雄的長處恰如其分地結合起來，並使其發揮出了最大的功效。因此，劉邦不以犧牲他人之利來滿足自己的私欲，而以人盡其才的方式得到了天下。

總想依靠損害他人利益來成就自己的人，總有一天會落得人人排斥的下場，也必定會為這種行為付出代價。以不正當方式謀取私利的人，終將會被社會所拋棄。

　　世間萬物都有一種趨吉避凶的本能，而人類在這一點上更是做到了極致。在面對風險的時候，人們通常都選擇規避風險。如果說「利己」是人的本性，那麼趨吉避凶表現的則是人的社會性。「零和賽局」這一現象之所以頻繁發生，大多是因為有人見利忘義，想私吞對方的利益，有這種想法和行為的人必然會失去人心，到最後除了擁有一點私利外，剩下的只有孤獨和悔恨。

　　在商業往來中，雖然雙方都是以謀利為目的，彼此都有私心，想為自己爭取最大的利益，但是經由一系列協商，雙方足以達成彼此滿意的一致意見，能夠繼續和平共處下去。如果發生爭論，也是由各方過於注重自身利益所引起的，其結果往往是溝通失敗。倘若雙方這次協商不成功，也許還會有再次交流的機會。正是因為大家都是自由、平等地交往，才能共同創造和諧的環境。

　　人與人之間的交際往來，需要彼此之間相互體諒、相互適應。在發生爭吵和衝突時，倘若先能以不損害他人之利作為基點，進而站在對方的角度去思考，不但能使得交易長期發展下去，還能達到互利互惠的「正和賽局」狀態。

◆

賽局理論啟示

　　人際交往，要想達到效益的最大化，就不能以一方的意願作為與別人交往的準則，而應該相互諒解，從「人不犯我，我不犯人」出發，進而在「我為人人，人人為我」中達成統一。熙熙攘攘，皆為名利，索求之時，但求利己不損人。也就是說，能夠創造雙贏局面的正和賽局，才最值得提倡。

博弈的目的是完善自己

　　對於博弈的目的的認識，是決定你最終會收穫什麼的重要條件之一。傳統經濟學認為，人的經濟行為的根本動機是自利，也就是滿足自身利益的需求。人人都有自私的一面，每個人從出生開始就在滿足自身的需求，包括食物、水、衣服、鞋等基本生活需求。追求自己的利益的過程，其實就是推動社會經濟發展的根本動力。沒有追求、沒有目標，就沒有動力，現代社會的財富是建立在對自身需求的保護上的。人們參與競爭的動力千差萬別，但滿足自身利益這一點是相同的。無論在任何時代，經濟學都力求建立讓參加者自由參與，並盡可能展開公平競爭的市場機制。

　　因為整體來說，博弈的最終目的是整個人類社會的和諧、發展、共存。人們不斷尋求市場機制的公正，是因為只有博弈的規則更完善，每個社會個體所得到的社會福利才會增加。一個具有社會責任感的人在追求個人利益的同時，能夠考慮社會的進步和發展，這樣的人是對社會有益的，也更能發掘自身的可利用資源，培養高瞻遠矚的眼光，為自己、家人以及社會謀福利。

　　在博弈的過程中，人們總是不斷尋找創新方法，希望獲得更多的資源和資訊，得到最滿意的結果。但站在社會學的角度，大家更希望能夠獲得可以滿足所有對象需求欲望的策略。可實際上，這是很難做到的，我們觀察到的博弈往往是殘酷血腥的。在動物界，弱肉強食是動物生存的基本規則；在遠古社會，強者生存，弱者服從是戰爭掠奪的必然結果；在商業領域上，商家為了獲取暴利，會選擇欺騙造假。現代社會不同於過去，是因為人們都更加懂得遵循既定規則，懂得道德倫理，至少大部分人能夠自覺地進行良性博弈，而不是惡性博弈。

　　從小方面來說，人們博弈的目的通常是滿足自己的各類需求。讓自己考上一個好學校，得到一份好工作，過上衣食無憂的好生活，買到車子和房子，這些目標是比較具體的。但說到底是為了完善自己，完善自己的生活品質，完善自己的綜合品質。這種完善，也包括實現個人的自我價值和個人幸福。當然，這個目標是更為抽象化的，比起具體的博弈目標，這是人們在人生博弈場上的最終目的。

　　但如何評價一個人的價值、幸福的標準，每個人都有不同的定義。雖然物質條件有時能決定基本生活品質的高低，但獲取財富的多少，不應該以財富為最重要的標準。追逐金錢、名望、權勢，這都無可厚非，但這些也只是獲取幸福的手段，

不能成為幸福的全部意義。並且，一個人的幸福不如一家人的幸福更好，一家人的幸福不如整個國家的幸福來得更有意義，判斷幸福的標準應當是與這種行為有關的所有人的幸福。人們在決策時，假若只考慮自己的幸福，很可能無法獲得最終的幸福，因為一己私利的幸福是短暫的、有限的。真正懂得幸福含義的人，能夠讓與博弈行為相關的人都獲得幸福。

一旦確定了目標，博弈就變得更有意義，參與者能從中獲得更寶貴的經驗、感悟和更廣博的訊息。通常來說，賽局理論主張用最少的成本獲取最大的收益。這導致一些功用主義者傾向於從行為後果來判斷策略的優劣。但由於博弈中有倫理道德的存在，也有自由、平等、民主、正義等原則的存在，使參與者互為目的和手段，才能達到雙贏，實現自我價值和幸福。

在日常生活中，人們經常需要先分析他人的用意、想法或意願，來做出合理的行為，博弈的基本思想都來自現實生活。只不過，賽局理論將博弈的思想高度抽象化，用教學工具來表述，讓不少人望而卻步。其實博弈思想可以用日常事例來說明，博弈目的不同的人，結局往往也不同。

儒家認為「財自道生，利緣義取」，如果人們只是一味地想算計別人，占別人的便宜，那麼算來算去，很可能就算計到自己頭上來了，會遭受更大的損失。

賽局理論啟示

　　大多數人都有保持良好社會關係的願望，都希望和社會各方面有和諧的交往，這也是完善自我的博弈過程。透過誠信友愛實現博弈雙方的互惠互利，是一種以道德為機制的交換，我們在選擇策略時應注意到這一點。

第二章

囚徒困境 —— 讓他人與你合作的博弈策略

　　囚徒困境是西元 20 世紀最有影響力的賽局理論，也是賽局理論中最常被研究的案例。它由美國普林斯頓大學數學系教授阿爾伯特·塔克（Albert William Tucker）提出。囚徒困境白話的表達就是：「在一場博弈中，每個人都根據自己的利益做出決策，但結果卻是誰也撈不到好處。」在囚徒困境的博弈中，背叛是參與者最好的選擇。然而，當你處於絕對劣勢，只有藉助其他人的幫助才能扭轉局面，而其他人又不願意出手相助時，你就可以為對方設定囚徒困境，為你們製造共同的敵人，從而「逼迫」他為了實現自己的利益而與你達成合作。

∣ 合作與背叛之間如何抉擇 ∣

在了解「囚徒困境」之前，讓我們先看一下發生在中國古代的一個小故事：

春秋時期，貧士玉戴生與三烏從臣二人相交甚好，由於沒有錢，他們就以品性互勉。玉戴生對三烏從臣說：「我們這些人應該潔身自好，以後在朝廷當官，絕不能趨炎附勢，玷汙了純潔的品性。」三烏從臣說：「你說得太有道理了，巴結權貴絕不是我們這些正人君子所為。既然我們有共同的志向，何不現在立誓明志呢？」於是二人鄭重地發誓：「我們二人一致決心不貪圖利益，不被權貴所誘惑，不攀附奸邪的小人，不改變我們的德行。如果違背誓言，就請明察秋毫的神靈來懲罰背誓者。」

後來，他們二人一同到晉國做官。玉戴生又重申以前發過的誓言，三烏從臣說：「過去用心發過的誓言還響在耳邊，怎能輕易忘呢！」當時趙盾在執掌晉國朝政，人們爭相拜訪趙盾，以期得到他的推薦，從而得到國君的賞識。趙盾的府邸前車子都排出了很遠。這時三烏從臣已經後悔，他很想結識趙盾，想去趙盾家又怕玉戴生知道，幾經猶豫後，決

定一早去拜訪。為避人耳目，當雞剛叫第一遍時，他就整理衣冠，匆匆忙忙去拜訪趙盾了。進了趙府的門，卻看見已經有個人端端正正地坐在正屋前東邊的長廊裡等候了，他走上前去舉燈一照，原來那個人是玉戟生。

這則頗具意味的故事出自明代學者宋濂的《宋文憲公全集》。宋濂在作品中評論道：「二人貧賤時，他們的盟誓是真誠良好的，等到當了官走上仕途，便立即改變了當初的志向，為什麼呢？是利害關係在心中鬥爭，地位權勢使他們在外部感到恐懼的緣故。」或許我們要問，地位和權勢是怎樣使他們感到恐懼的？或許賽局理論中的「囚徒困境」理論可以給出合乎情理的解答。

所謂的「囚徒困境」，大意是這樣的：甲、乙兩個人一起攜槍準備作案，被警察發現抓了起來。警方懷疑，這兩個人可能還犯有其他重罪，但沒有證據。於是分別審訊他們，為了分化瓦解對方，警方告訴他們，如果主動坦白，可以減輕處罰；如果頑抗到底，一旦同夥招供，就要受到嚴懲。當然，如果兩人都坦白，那麼所謂「主動交代」就不那麼值錢了，在這種情況下，兩人還是要受到嚴懲，只不過比一人頑抗到底要輕一些。在這種情形下，兩個囚犯都可以做出自己的選擇：或者供出他的同夥，即與警察合作，從而背叛他的同夥；或者保持沉默，也就是與他的同夥合作，而不是與警

察合作。這樣就會出現以下幾種情況（為了更清楚地說明問題，我們為每種情況設定具體刑期）：

如果兩人都不坦白，警察會以非法攜帶槍支罪而將二人各判刑 1 年；

如果其中一人招供而另一人不招，坦白者身為證人將不會被起訴，另一人將會被重判 20 年；

如果兩人都招供，則兩人各判 10 年。

這兩個囚犯該怎麼辦呢？是合作還是背叛？從表面上看，他們應該互相合作，保持沉默，因為這樣他們都能得到最好的結果：只判刑 1 年。但他們不得不仔細考慮對方怎麼選擇。問題就出在這裡，甲、乙兩個人都十分精明，而且都只關心減少自己的刑期，並不在乎對方被判多少年（人都是有私心的）。

甲會這樣推理：假如乙不招，我只要一招供，馬上可以獲得自由，而不招卻要坐牢 1 年，顯然招比不招好；假如乙招了，我若不招，則要坐牢 20 年，顯然還是招認為好。無論乙招與不招，我的最佳選擇都是招認，所以還是招了吧。

自然，乙也同樣精明，也會如此推理。於是兩人都做出招供的選擇，這對他們兩個人來說都是最佳的，即最符合個體理性的選擇。按照賽局理論，這是本問題的唯一平衡點。只有在這一點上，任何一人單方面改變選擇，他只會得到較

差的結果。而在別的點，比如兩人都拒認，都有一人可以透過單方面改變選擇，來減少自己的刑期。

也就是說，對方背叛，你也背叛將會更好。這意味著，無論對方如何行動，如果你認為對方將合作，你背叛能得到更多；如果你認為對方將背叛，你背叛也能得到更多。可見，無論對方怎樣，你背叛總是好的。這是一個有些讓人寒心的結論。

如果你處於這個困境中，你將如何做呢？設想你認為對方將合作，你可以選擇合作，那麼你將得到「合作的獎勵」。當然，你也可以選擇背叛，得到「背叛的懲罰」。換言之，如果你認為對方合作，那麼你背叛將能得到更多的好處。反過來，如果你認為對方將背叛，那麼你也有兩個選擇，你選擇合作，那麼你就是「笨蛋」；你選擇背叛，就會得到「背叛的懲罰」。因此，對方背叛，你也背叛將會更好些。這就是說，無論對方如何行動，你背叛總是好的。到現在為止，你應該知道該怎樣做，但是，要知道相同的邏輯對另一個人也同樣適用。因此，另一個人也將背叛而不管你如何選擇。

實際上，囚徒困境正是個人理性衝突與集體理性衝突的經典情形。在囚徒困境中，每個人都根據自己的利益做出決策，但最後的結果卻是誰也撈不到好處。這種情形在生活中

也會遇到，比如排隊購物時，如果大家都在排隊而只有一個
人擠上前去插隊，他將得到好處；可是如果大家都蜂擁而
上，將會出現混亂無序的局面，此時你只能跟著大家一起擠
才有可能盡快買到你想要的東西，否則你將成為最後一個，
也是最吃虧的一個。因此，在沒有良性競爭的機制下，背叛
無疑是利益最大化的選擇。因為如果自己堅守，而又沒有一
種機制能保證對方也同樣堅守，那麼堅守者就有可能成為犧
牲品。

◆

囚徒困境啟示

　　個體的理性導致雙方得到的比可能得到的少，這就是
「囚徒困境」。學習囚徒困境的理論模型，並非鼓勵人們背
叛，而是讓我們知道，在面臨一個決策時，如果沒有十全十
美的辦法，我們不妨權衡一下利弊，從而做到「兩害相權取
其輕」。

別被「小聰明」算計了自己

西方有這樣一則寓言，在太平洋的荒島上住著一群三眼人，一個「聰明人」就開始思索：如果能抓住一個三眼人到世界各地巡迴展覽，一定能賺很多錢。

於是「聰明人」製造了一個大鐵籠，帶上捕獵裝備，來到荒島上。沒想到的是，島上的三眼人從來沒見過長著兩隻眼睛的人，他們把這個「聰明人」抓起來，裝進他帶來的鐵籠子裡，運往荒島各處供人觀賞。「聰明人」自以為找到了生財之道，最終聰明反被聰明誤，成了他人眼中的異類。

聰明反被聰明誤，我們每個人對這句話都不陌生。這句話出自宋代大文豪蘇軾口中：「人皆養子望聰明，我被聰明誤一生。」生活中的人們，都希望自己聰明，聰明的人希望自己更加聰明，沒有人想當個傻子。聰明不是壞事，但自以為聰明，總認為自己了不起，往往就會做出「聰明反被聰明誤」的事情來。正如孔子所說：「人皆曰予知，驅而納諸罟擭陷阱之中，而莫之知辟也。」意思是說：每個人都說自己聰明，可是被驅趕到羅網陷阱中去卻不知躲避。

武則天時的周興和來俊臣是著名的酷吏，成千上萬的人冤死在他們手下。有一次，周興被人密告夥同丘神勣謀反。武則天便派來俊臣去審理這宗案件，並且定下期限審出結果。來俊臣深知周興為人，感到很棘手。他苦思冥想，生出一計。

一天，他準備了一桌豐盛的酒席，把周興請到自己家裡，酒過三巡，來俊臣嘆口氣說：「兄弟我平日辦案，常遇到一些犯人死不認罪，不知老兄有何辦法？」周興一向對刑具很有研究，便很得意地說：「我最近才發明一種新方法，不怕犯人不招。用一口大甕，四周堆滿燒紅的炭火，再把犯人放進去。再頑固不化的人，也受不了這個滋味。」

來俊臣聽了，便吩咐手下人抬來一口大甕，照著剛才周興所說的方法，用炭火把大甕燒得通紅。然後站起來，把臉一沉對周興說：「有人告你謀反，太后命我來審問你，如果你不老老實實供認的話，那我只好請你進甕了！」周興聽了驚恐失色，知道自己在劫難逃，只好俯首認罪。

如果周興不幫來俊臣出餿主意，自己或許能躲過一劫，但倒楣就倒楣在他太「聰明」了。由此可見，吃虧的人，常常是自認為自己聰明，然後自恃聰明且不知適可而止的人。對於上述論斷，一位教授在研究囚徒困境時，給出了一個著名的「旅行者困境」模型。

　　兩個旅行者從一個以出產細瓷花瓶著稱的地方歸來，他們都買了花瓶。提取行李的時候，發現花瓶被摔壞了，於是他們向航空公司索賠。航空公司知道花瓶值八九十元，但是不知道確切價格是多少。於是航空公司請兩位旅行者在 100 元以內各自寫下花瓶的價格，如果兩人寫的一樣，航空公司將認為講的是真話，則如數賠償；反之，則價格寫的低者為真話，按寫低者的價格賠償，並獎勵其 2 元，對寫高價格者則罰款 2 元。

　　這樣就開始了一場博弈。本來，為了獲得最高賠償，雙方最好的策略就是都寫 100 元，獲賠 100 元。但甲卻精明地認為如果寫 99 元而乙會寫 100 元，他將得到 101 元；可是乙更聰明，他算計到甲會寫 99 元，而準備寫 98 元；可甲又算計到乙會寫 98 元而準備寫 97 元……如此重複賽局下去，兩人都「徹底理性」地能看透對方十幾步甚至上百步的博弈過程，最後每個人都寫了 0 元。

　　可能你會想，生活中不會發生如上述例子中的事情，但這位教授提出這個案例旨在告訴我們：一方面，人們在為私利考慮的時候不要太「精明」，因為精明不等於高明，太精明往往會壞事；另一方面，它對於理性行為假設的適用性提出了警告。比如古語說「逢人只說三分話，未可全拋一片心」，這當然足夠理性，甚至可以說是「真理」，但如果每個

人都這樣「理性」的話，那麼每個人得到的都將是「三分真話」，這無疑會極大地增加人們的交際成本。所以，對於純粹的「理性」，我們也需要辯證地看待，否則事情的結果會與初衷大相逕庭，非但損人，而且不利己。

◆

囚徒困境啟示

生活中，有人吃虧並不是因為他們不精明，恰恰是因為太精明。人們需要聰明和機智，但不要過分算計。總想著在與人交往的過程中獲得利益，這樣的人功利心太重。相反，不太聰明的人總能交到更多的朋友，這是因為與這些人相處往往會令對方放鬆心情，沒有任何顧慮。

第三章

納許均衡 —— 不會令自己後悔的博弈策略

納許均衡（Nash equilibrium）是指參與人的一種策略組合，實施該策略時，任何參與人單獨改變策略都不會得到好處。在納許均衡中，你不一定滿意其他人的策略，但你的策略是應對對手策略的最佳策略。

以 A、B 兩家公司同類產品的價格競爭為例，在 B 公司不改變價格的條件下，A 公司既不能提價，因為會進一步喪失市場；也不能降價，否則會出現賠本拋售。

於是兩家公司在產品價格上形成了一種均衡。如果要改變原先的利益格局，只能透過談判尋求新的利益評估分攤方案，也就是新的納許均衡。類似的推理也可以用到選舉、群體之間的利益衝突、潛在戰爭爆發前的僵局、議會中的法案爭執等。

沒有優勢不如退而求其次

　　春節是華人最重要的節日，大年三十全家人圍坐在一起等待新年的鐘聲，是每個人都嚮往的場景。但就是這樣一個其樂融融的「年」，卻讓很多結婚沒幾年的小夫妻犯難，甚至為了去誰家過年的事發生爭吵。孝敬父母是每一個兒女都應該做的，但很多人長年在外，一年到頭春節就成為團圓的唯一機會。結婚之前，一個人來去無牽掛，春節回家也是不用考慮的問題，但結婚之後，小夫妻就不得不面臨「春節回誰家」的選擇了。

　　明哲與夢甜是一對恩愛的夫妻，他們就面臨著「回誰家過春節」的選擇。二人都是獨生子女，而且都非常孝順。明哲希望回自己家，而夢甜也希望回自己家。有人會說：「那還不簡單？『各回各家，各找各媽』不就解決了？」可是問題的關鍵在於，明哲與夢甜很恩愛，分開各自回家過春節，是他們最不願意見到的情形。這樣一來，他們就面臨著一場溫情籠罩下的「博弈」。

　　假設二人回明哲家過春節，則明哲的滿意度為 10，而夢甜的滿意度只有 5；如果回夢甜家過春節，則明哲的滿意度

為 5，而夢甜的滿意度為 10；如果雙方意見不一致，堅持各回各家，或者一賭氣索性誰家也不去，則他們誰都過不好這個春節，滿意度各自為 0，甚至為負數。

我們在「囚徒困境」一章曾經提到過「優勢策略」這個概念：即無論對方選擇什麼，我選擇的這一個策略總是最有利的。可是我們在上面的這場博弈中，看不到哪一方有絕對的優勢策略——回自己家過年不是明哲的優勢策略，因為如果夢甜堅持回她家，他選擇回自己家的滿意度只能為 0，而選擇跟夢甜一起回她家的滿意度卻是 5。也就是說，對明哲而言，不存在「無論夢甜是選擇回自己家還是回她家過年，我選擇回自己家（或回妻子家）過年總是最好的策略」這一情況。同樣的道理，夢甜也沒有絕對的優勢策略。在這場博弈中，明哲只能看夢甜回她家過年的態度有多堅決，然後據此選擇自己的策略；夢甜也是如此。

由此引出了賽局理論中最重要的概念——納許均衡。納許均衡是這樣的一種博弈狀態：對博弈參與者來說，我選擇的某個策略一定比選其他的策略好。納許均衡的思想就這麼簡單：在博弈達到納許均衡時，局中的每一個博弈者都不會因為自己單獨改變策略而獲益。它是一個穩定的結果，就像把一個乒乓球放在光滑的鐵鍋裡，不論乒乓球的初始位置在哪裡，但乒乓球最終都會停留在鍋底，這時的鍋底就可以被

稱為一個納許均衡點（Nash Equilibrium Point）。

比如在上述博弈中，（明哲家，明哲家）、（夢甜家，夢甜家），即雙方都回明哲家過年，或者雙方都回夢甜家過年的選擇就是博弈中的納許均衡狀態。因為對雙方而言，單獨改變策略沒有好處。比如說兩人約定一起回明哲家過年，則明哲的滿意度為 10，而夢甜的滿意度為 5，如果此時夢甜單獨改變主意自己回她家，變成自己和明哲各得 0，對誰都沒有好處；相反，如果兩人約定一起回夢甜家過年，則夢甜的滿意度為 10，而明哲的滿意度為 5，如果此時明哲單獨改變主意自己回他家過年，也變成自己與夢甜各得 0，同樣對誰都沒有好處。所以，兩人一起回明哲家過年或一起回夢甜家過年，才是穩定的博弈對局，也能取得一方絕對滿意、另一方相對滿意而非雙方都不滿意的結局。

經由上述分析我們可以發現，在這場博弈中，最佳的選擇是：如果明哲堅持回自己家過年，那麼夢甜最好也跟著回明哲家過年；如果夢甜堅持回自己家過年，那麼明哲最好也跟著回夢甜家過年。

這種情形是符合現實生活的：當夫妻雙方一方堅持己見的時候，另一方常常會遷就一些，做出讓步。這場博弈的顯著特點是，博弈有兩組策略選擇（不像「囚徒困境」中每人只有一個最佳策略），博弈雙方各自偏愛一個策略，比如明

哲偏愛雙方都回自己家過年，而夢甜偏愛雙方都回自己家過年。不過他們之間也存在共同利益，因為任選（明哲家，明哲家）與（夢甜家，夢甜家）中的一組策略，他們都可以得到一方基本滿意，另一方非常滿意的結果，而不是兩個人都不滿意。

那麼在這場博弈的兩組策略中，究竟應該誰得到最想要的，誰退而求其次呢？這就看不同家庭的不同情況了。假如丈夫更寬容或更疼愛妻子一些，他就會自願做出讓步，陪同妻子一起回妻子家過年，反之亦然；還可能取決於夫妻倆在家庭中的地位，比如一般情況下家裡什麼都是丈夫說了算，那麼很可能出現丈夫期望的結局；或者也可能出現輪流做主的情況，比如這一次聽妻子的，但下一次妻子覺得對丈夫有虧欠，轉而下次聽丈夫的。

◆ 納許均衡啟示

當你的利益與他人的利益（尤其是與你關係親密的人）發生衝突時，你要學會設法協調。如果現實不允許你最大限度地滿足自己的利益，那麼退而求其次，總比讓雙方都得不到要強得多。而且你在這次博弈中所失去的，可能會在下次博弈中獲得補償。

｜「聖誕禮物」雖無私但無用｜

　　美國作家歐·亨利（William Sydney Porter）曾寫過一篇著名的短篇小說，名叫《聖誕禮物》（*The Gift of the Magi*）。小說裡的主角吉姆和德拉是貧窮但彼此深愛對方的夫妻。吉姆有一塊祖傳的金錶，但是沒有錶鏈；而德拉有一頭令所有女子嫉妒的金色秀髮，但一直沒有錢去買她心儀已久的梳子。

　　聖誕節的前一天，德拉想給丈夫吉姆一個驚喜，可是她只有 1 美元 87 美分，她知道這點錢根本不夠買什麼好的禮物，於是她把引以為豪的瀑布似的金色秀髮剪下來賣了，換來了 20 美元。找遍各家商店，德拉花掉 21 美元，終於買到了一條樸素的白金錶鏈，這可以配上吉姆的那塊金錶。而吉姆也想給老婆一個驚喜，他同樣賣掉了引以為豪的金錶，買了德拉渴望已久的全套漂亮的梳子做聖誕禮物。

　　可是，德拉暫時不需要梳子了，因為她賣了秀髮為吉姆買回了錶鏈；而吉姆再也不需要錶鏈了，因為他賣了金錶為德拉買了梳子。

　　這與上文那場博弈中的非理性結局極其相似，如果不是為了陪夢甜，明哲不會去夢甜家過年；如果不是為了陪明哲，夢甜也不會去明哲家過年。假如二人事先未經過協調而為了給對方一個驚喜，春節的時候夢甜買了兩張去明哲家的車票，而明哲買了兩張去夢甜家的車票，那麼出現的情形與《聖誕禮物》中的結局將是何其相似。

　　從愛情的角度來看，每個讀者都會為這兩個真心相愛的人所感動。就像歐·亨利在作品的結尾寫道：「在一切餽贈禮品的人當中，那兩個人是最聰明的。在一切餽贈又接收禮品的人當中，像他們兩個這樣的人也是最聰明的。無論在任何地方，他們都是最聰明的人。」但是從賽局理論的角度分析，我們卻可以得出他們的選擇並非理性的結論。如果把這件事視為一場博弈，假設這對夫妻往常過著平淡而心心相印的生活，各得 1；如果吉姆把錶賣了為德拉買梳子，吉姆得 2，德拉得 3；如果德拉剪去一頭秀髮換回錶鏈給吉姆，德拉得 2，吉姆得 3。但是吉姆賣錶買梳和德拉剪髮買鏈同時發生，那麼他們一定都非常傷心，各得－2。從這個博弈的結果中我們可以看到，吉姆與德拉所選擇的「為對方考慮」的策略，恰恰出現了令雙方都傷心的結局。假設他們中的任何一個人稍微「自私」一點，那麼出現的結局反而是皆大歡喜的。

在日常生活中，人們饋贈禮物也開始講究要給受禮人驚喜。比如媽媽要過生日了，孝順的女兒想在媽媽生日那天送給媽媽一個驚喜，於是想破了腦袋買了一個禮物，而這個禮物可能在媽媽看來是又貴又不實用的。《聖誕禮物》恰恰告訴我們，驚喜是奢侈品，如果你還不富裕，你很可能享受不起。可供對比的是，在一些國家，人們在發送邀請函的時候，往往會註明希望收到什麼禮物，這樣，就避免了送禮物的人為了帶給接受禮物的人「驚喜」而導致禮物無用的情況。而這正是自利的行為帶給雙方效益最大化的啟示。

人們都習慣於讚揚無私的人，而對自私自利者往往頗有微詞，覺得自利行為一定會傷害別人。那麼，所有的自利行為都應該被貶斥嗎？讓我們來看下面的故事。

張氏兄弟是一對雙胞胎，二人同在遠離家鄉千里之外的城市讀大學，每週末兄弟倆都能見上一面。這個星期六，兄弟二人又約好了一起吃午飯，弟弟點了兩碗牛肉麵，服務生先端上來一碗後，便告訴兄弟倆，由於店裡客人較多，另外一碗需要等 15 分鐘。

哥哥認為自己有責任照顧弟弟，應該讓弟弟先吃，於是將這碗牛肉麵推到了弟弟面前。可是弟弟卻認為這次是自己請哥哥吃飯，應該讓哥哥先吃才對，於是又將這碗麵推到了哥哥面前。兄弟二人推來推去，結果誰也不肯先吃，可是第

二碗還沒有上來。為避免牛肉麵漸漸變涼，哥哥生氣地命令弟弟先吃，可弟弟也皺著眉頭不肯服從。總之，麵還沒吃兩人便生了一肚子氣。

　　兩人都是出於好意，結果卻都生對方的氣，原因就在於他們太「無私」了。實際上，每個人都可以先考慮自己，恰恰也是對方願意看到的。

◆

納許均衡啟示

　　從經濟學的角度來說，恰恰是每個人的自利行為，促進了社會的發展。比如人們希望自己生活得好一些，企業希望利潤高一些……只是倫理道德還接受不了只希望自己好的自利行為。如果每個人都秉承「我為人人，無私奉獻」的理念，社會文明程度自然會極大提高。但是當一個人的無私成了另一個人的負擔，甚至為他人造成無法挽回的傷害時，那麼這種無私便不值得提倡。

你進我退，能伸能屈

父母經常會遇到這種情況，自己的孩子有點任性，逛商場的時候，他賴在玩具櫃檯前不肯走，想要一個變形金剛。如果你說了「不」，孩子的要求不能滿足，他可能會大哭大鬧。此時你該如何做？如果你對孩子的哭鬧不予理睬，想辦法轉移話題，通常情況下，孩子哭鬧一下子也就放棄了。如果你此時對孩子妥協，一旦孩子發現這招奏效了，下一次再出現這種情況，他就學會了繼續用哭鬧的策略，讓父母妥協。一次次的妥協，可能讓孩子屢試不爽，你會發現，越來越難以拒絕孩子的要求，後來再拒絕，孩子的哭鬧便變本加厲。孩子進了一尺，你後退了一尺，下次他就進一丈。但是如果孩子哭鬧，你採用了過激的方式，例如打罵，雖然你進了一丈，但有可能造成孩子的陰影，適得其反，讓孩子變得越來越難管教。

在父母和孩子博弈的過程中，我們可以看到，過度的妥協或強硬都是不對的。我們應當讓孩子了解，他的要求如果不合理，他無理取鬧，父母是不會同意的，但也不會責罰他，這樣他就會知難而退。孩子的興趣是不穩定的，當發現

父母不在意自己的某個要求時，他就會轉移注意力，去尋找新鮮的事物。父母和孩子的博弈，更像是一種試探性遊戲，父母的反應會給孩子一種訊息，每當父母的反應過大時，孩子就會印刻在腦子裡。關鍵是，父母不能被孩子脅迫，也不要脅迫孩子。當大家的需求和利益無法達成一致時，不如尋找新的平衡點。例如，你不能給孩子買這個玩具，可以和他商量，換一個價格便宜點的玩具行不行，或者和孩子達成協議：如果你能在幼稚園得到五朵小紅花，就給你買這個變形金剛。按照此例，父母和孩子也可以在生活中制定獎罰機制。例如，當孩子表現好時，可以給他加分，每當孩子得了十分，他就可以提出一個要求；如果孩子表現不好，父母要經過商量，都同意扣分，才給他扣分，否則不能扣分。當然，哪些表現是「好」，哪些表現是「不好」，要從各方面來考察，不要僅僅以孩子的成績好壞來評判。

再來探討職場博弈，這裡要說到部門裡上下級間的博弈。有時我們會遇到對待下屬非常強硬的上級，也就是「鐵腕上司」；有時上司會遇到對待上級毫不買帳的下屬，也就是「鷹派下屬」。如果一個鐵腕上司遭遇一個鷹派下屬，當在某件具體的工作上發生了衝突，如何達到博弈均衡呢？

假設鐵腕上司與鷹派下屬，各自都可以選擇採取強硬態度或屈從態度。誰伸誰屈呢？經由父母與孩子之間的納許均

衡事例，可以推斷，在這個博弈過程中，要麼是上司強硬，下屬屈從；要麼是上司屈從，下屬強硬。雙方都不肯退一步的話，就會把事情鬧大，使得工作無法進行下去。懂得為大局著想的上司或下屬，知道要先讓一步，再在工作過程中提出自己的意見。得到第一局勝利的一方，只要還具有合作精神，此時便能夠屈從一下，聽從對方了。

如果你既不願屈從，也不好強硬，選擇激勵策略是最好的。典型的基於支配型關係的激勵方法，我們在哄孩子的時候經常用。例如，孩子哭了，不願意上幼稚園，媽媽就對他說：「乖啊，你聽話，就給你糖吃。」為了讓孩子去做他不想做的事，就用糖果來「激勵」他。這次可能行得通，但下次媽媽無疑得給兩塊糖，下下次要給更多的糖，才能哄孩子上幼稚園。實際上，真正有效的激勵措施，不是簡單地給塊糖果了事。

行之有效的激勵措施，不應該是「我要你做」，而是「我自己為了某種目標而主動要做」。激勵措施不該是補償措施，類似於媽媽給糖果的行為。你不如事先與孩子制定激勵規則，如果孩子每星期都乖乖去幼稚園，就會得到媽媽一個假日的陪伴。還要制定懲罰規則，如果孩子有一天不能準時去幼稚園，就失去了和爸爸玩遊戲的機會。一旦孩子認為糖果是應該得到的，他的期望會越來越難以滿足。父母的做法

應是激勵他好好做，好好做了你自己有收益，而不是「你做了不願做的事，我來補償你」。

　　職場上的博弈，與家庭成員之間的博弈類似，是重複賽局，因此如果想要持續地激勵員工，就要有持續交易的規則和條件。你進我退，能屈能伸僅僅只是單次博弈的一個來回，只要既定規則和獎懲機制足夠完善，那麼這一次的「屈」換來的可能是下一次的「伸」，又如何不能承受呢？

◆

納許均衡啟示

　　人進你一尺，你就進人一丈，在某些時候並不適用。但什麼時候屈，什麼時候伸，應根據博弈對手的性格、學識、資本來衡量一番，再做論斷。該示弱的時候，就要懂得收斂和退步，不爭一時之鋒，不爭一時之利；該顯示能力的時候，就應該趁勢展示鋒芒，毫不畏縮。

┃默契源於為對方考慮┃

假設一對夫婦在擁擠的百貨商場失散，事先也沒有約定見面的地點，而恰好他們又都忘記帶手機了，他們還能找到對方嗎？以怎樣的方式尋找對方成功的機率會更高一些呢？

也許一方一直認為，對方也希望在一個雙方都認為比較醒目的地點與自己會合，因為夫妻雙方都認為該地點比較醒目，易於發現對方或被對方發現。而且，一方不會輕易判斷對方首先要去的地方，因為在上述情況下，對方首選的地方可能也是其所希望的。換言之，無論發生什麼情況，一方所到之處都將是對方所期望的地方。我們可以如此不斷推理下去，一方所想的問題不是「如果我是他，我該去什麼地方呢？」，而是「如果我也像他一樣在思考同樣的問題『如果我是他，我該去什麼地方呢？』我該怎麼做呢？」。

人們通常只有在得知別人將做出和自己同樣的行為時，才會與他人產生共鳴，達成某種共識，我們把這種共識稱為「默契」。比如上文中的夫妻走散，夫妻二人若要重逢，就需要相互間的默契，也就是對同一場景提供的訊息有著同樣的解讀，並努力促使雙方對彼此的行為做出相同的預期判斷。

當然，我們既無法肯定他們一定會重逢，也不能肯定雙方一定會對同一暗示符號做出相同的解讀。但是，夫婦雙方如以這種方式尋找對方，成功的機率一定比他們盲目地在商場裡亂逛要高得多。

大多數普通人在一個環繞的圓形區域走散後，通常都會不約而同地想到在圓形地帶的中心區域與對方會合。但是在一個非常規形區域走散，那就只能依靠個人的方位感在該區域的中心地帶與對方會面。

賽局理論專家湯瑪斯‧謝林曾以多幅地圖進行實驗，結果證明：如果一幅地圖示有多個住宅和一個十字路口，人們大多會本能地趨於十字路口；反之，如果一幅地圖示有一個住宅和多個十字路口，人們會本能地趨於住宅。這充分說明，唯一效能夠產生獨特性，從而吸引人們的注意力。謝林把這個具有獨特性、吸引人們注意力的點稱為「聚焦點」（focal point），並由此提出了著名的「聚焦點均衡」理論。

在聚焦點均衡的研究中，謝林得出結論：一旦人們得知別人將做出和自己同樣的行為時，通常會協調彼此的行為，從而出現合作的契機。比如武俠小說中經常描寫的兩大實力相當的武林高手比拚內力，就是這種情形。一旦比拚開始，就沒有人能夠自主地決定撤出拼鬥，因為一旦你選擇收回內力而對方繼續催加內力，你就會失敗甚至身受重傷；而繼

續比拚，會造成兩敗俱傷的結局；除非有外力使他們中止比拚，或者二人「心有靈犀」，同時一點點地收回內力。

生活中也常常能看到這樣有趣的現象，比如夫妻為小事賭氣吵架了，誰也不理誰。一天過去了，兩個人表面上不動聲色；三天過去了，彼此心中都有悔意，只是礙於面子誰也不好意思先開口；時間再長一些，彼此之間已經完全形成默契，這個時候，無論誰先開口，都將宣告一場冷戰的結束，兩人終會和好如初，甚至比以前更親密一些。

納許均衡啟示

默契是內心深處一種最好的約定，不必用言語傳遞就能夠表達心跡，不需要用心來指引也能夠相互會意。默契來源於和諧的自然，更是一種心靈的感應。自然界如是，人與人之間亦如是。你理解、尊重對方，對方也一定會理解、尊重你的行為，於是，默契就這樣產生了。

第四章

重複賽局 —— 避免違約和欺騙的博弈策略

　　重複賽局是指同一場博弈重複進行。在無限期重複賽局中，對於任何一個參與者的欺騙和違約行為，其他參與者總會有機會給予報復。在現實生活中，有很多博弈沒有最後一次。如果存在囚徒困境的博弈要永遠進行下去，你可能就會順理成章地採取合作的方式。如果兩個人都採取這種策略，雙方可以每一次都得到很好的結果。

長久的關係是合作的保障

在囚徒困境模型中，我們知道如果一方選擇合作，那麼另一方選擇背叛則收益最大，這是單次博弈的情況。假設甲、乙二人共有三次博弈的機會，那麼在第三次博弈時，兩個人肯定都會選擇對抗。給定第三次都會對抗，那麼第二次的合作實際上也沒有意義（因為將來沒有合作機會了），因此兩人也會選擇對抗；給定第二次大家都選擇對抗，那麼在第一次時大家就都會選擇對抗。結果，重複三次的博弈中無法形成合作。

那麼，不能合作是不是因為時間太短了呢？我們不妨假設博弈可以重複 N 次。使用逆向歸納方法可得：在第 N 次時，兩個人會選擇對抗；從而在第 N－1 次時，兩個人也選擇對抗；從而在第 N－2 次時，兩個人還是會選擇對抗……從而在第 2 次時，兩個人會選擇對抗；從而在第 1 次時，兩個人選擇對抗。既然 N 可以是任何數，那麼我們就得到了一個有點「意外」的結論：無論博弈重複多長時期，只要是有限次數的重複，合作都不可能達成。事實上，這一結果在賽局理論中已經成為一個定理：有限次的重複賽局，其均衡結

果與一次性博弈的結果是完全一樣的。怎麼會這樣？我們不是明明說過長期關係中可以達成合作嗎？而且我們在現實中不是也看到了不少的合作嗎？這究竟是為什麼？

實際上，合作的達成可能要求助於無限重複賽局。如果博弈重複進行無限次，沒有結束的一天，那麼逆向歸納法是不適用的，只能使用前向推理來指導我們的策略選擇。

參與者對等待將來利益有足夠的耐心（或者說眼光更長遠、更看重將來利益），那麼合作就越容易達成。相反，對於目光短淺、只注重眼前利益的人，那麼合作是難以為繼的。所以，這樣的結果也告訴我們，如果要選擇合作對象，有必要挑選那些注重未來、目光長遠的人；永遠不要把鼠目寸光的人列為合作對象。

至此，我們基本上得到了關於重複賽局與合作的兩個重要結論：

1. 如果博弈的重複是有限期的，那麼囚徒困境式博弈中是不可能達成合作的。

2. 如果博弈是無限期的，那麼目光長遠的參與者在囚徒困境式的博弈中也可以達成合作；不過如果參與者目光短淺，那麼合作仍然難以達成。

通常來說，大多數時候人們還是具有一定遠見的，至少不會急著為了今天的 1 塊錢而放棄明天的 5 塊錢，因此合作

仍然是人類社會中廣泛存在的現象。

但是，還有一個疑問我們未曾解決：有限次的重複賽局不可能達成合作，可我們的生命是有限的，我們接觸任何人的時間都是有限的，天下沒有不散的筵席，每個人最終都會有與對手結束合作關係的時候，所以應該說我們經歷的所有重複賽局次數都是相當有限的。那為什麼還有那麼多的合作呢？對此，可以從以下幾個方面來做出解釋：

1. 雖然很多博弈是有限次數的，但是我們並不知道這個次數究竟是多少，結果它就類似於一個無限次數的重複賽局。比如，雖然我們知道生命是有限的，但我們並不知道自己會在哪一天死去，所以我們也就不知道什麼時候與別人解除合作關係。

2. 即使我們知道準確的結束合作關係的時間，如勞動合約常常明確規定了為僱主服務的期限，但我們並不會從第一天上班開始就偷懶。因為合約期足夠長，面對如此長期的收益，幾乎相當於無限期重複賽局，偷懶被開除而損失如此長期的一筆薪資收益是不划算的。所以，員工仍採取了合作的態度。但是的確也可發現，隨著終止合約離開僱主的日期越來越近，員工的努力的確在打折扣 —— 有限次博弈開始發揮作用了。

3. 有些有限次博弈本身雖有限，但是在這個有限博弈中，你的合作或對抗表現會為你帶來另外一場博弈帶來的影響，因此你不得不猜想自己的表現。年輕的員工即使在離開當前公司的前夕，也不會與當前公司對抗，其原因是他還要到其他公司工作。如果他在這裡做出不恰當的舉動，會影響到他到下一個公司就業的機會。

總之，無論哪一種解釋，都強調了一個同樣的思想，只有注重長期關係，人們才更可能合作。

◆

重複賽局啟示

即使是有限次博弈，只要次數足夠多（關係維持足夠長），那麼人們就有動力通過合作行為樹立起合作的聲譽來獲取長期的收益。這也許是人類社會合作的最大福音。

條件改變，博弈策略也要隨之改變

　　來自北部的李平與來自南部的魏芳是大學同學，二人自大一開始就進入了熱戀期，山盟海誓，親密有加。然而大學四年倏忽即逝，面臨畢業後各自的前程，二人不得不痛苦地選擇分手。為什麼昔日如此親密的李平與魏芳會在畢業時選擇分手呢？因為博弈存在一個確切的時間點，到了這個時間點，博弈即告終結，而這個時間點恰好就是「畢業」。

　　為什麼一畢業，就宣告著一段美好的戀情結束，而昔日親密無間的戀人也要勞燕分飛呢？這涉及賽局理論中的「有限重複賽局」與「無限重複賽局」的問題。為了更容易理解這個問題，讓我們先從大家都熟悉的《鹿鼎記》中所描寫的兩個情節談起。

　　《鹿鼎記》中韋小寶被太監海大富抓進皇宮之中，伺機毒瞎了海大富，並殺死了海大富身邊的小太監小桂子，從此在宮中冒充小桂子。在順治帝出家前，海大富受命留在宮中調查殺死端敬皇后的凶手，他自始就從口音中辨出此小桂子非彼小桂子，卻一直沒有說破，不動聲色地查探這個「小桂子」的幕後指使者，後來卻意外地從韋小寶身上得知，殺死

端敬皇后的凶手竟然是現在的皇太后。海大富決定向太后告發，韋小寶已無利用價值，於是他最終向韋小寶攤牌。而此時韋小寶才得知，原來海大富早已知道他其實不是小桂子，但此時也只能在肚中暗罵海大富。

還有一次，康熙對韋小寶「攤牌」：康熙早已知道韋小寶是反清組織「天地會」的香主，卻一直隱忍不發。直到韋小寶把天地會眾兄弟聚集在自己的伯爵府，康熙決定將他們一網打盡之時，才對韋小寶亮出底牌。

假如海大富沒有查出皇太后會「化骨綿掌」，且是殺死端敬皇后的凶手；假如康熙沒有機會把天地會一網打盡，那麼他們勢必還會把糊塗裝到底。裝到什麼時候是終點呢？恐怕沒有人知道。也就是說，只要海大富一天沒有查出殺害端敬皇后的凶手，或者康熙一直沒有機會把天地會一網打盡，他們就將裝作不知韋小寶真實身分的樣子，一直與他「玩」下去。

如果我們把韋小寶與海大富及與康熙的「耍心機」視為一場博弈，那麼最後「攤牌」的情形則被稱為「有最後一次重複的博弈」，而我們假設的「一直『玩』下去」的情形則被視為「無限重複的博弈」。所謂有限重複賽局，是指重複次數是有限的且有確定終點的博弈；而無限重複賽局，則是指重複次數是無限的或者對雙方而言不知道哪一次是盡頭的

博弈。

　　經由前面的分析我們知道，在一次性博弈中，「對抗」對雙方而言是最佳策略；在重複賽局中，「合作」對雙方而言是最佳策略。而在有限重複賽局中，由於最後一次博弈是確定會出現的，「最後一次博弈」可以被視為「一次性博弈」。也就是說，在雙方的最後一次博弈中，「對抗」是最佳策略，因為人們在重複賽局中之所以選擇合作，主要是考慮日後還要進行博弈，而在最後一次博弈中則沒有以後，因此顯然不必考慮後面的行動。

　　那麼再回到前面所說的「畢業了就說分手」的事例，用賽局理論的術語來說，這是一個「有最後一次的重複賽局」。畢業之後，二人一個回北部，一個回南部，在一起生活不現實。「畢業」這一不可改變的現實，就是博弈的「最後一次重複」，所以二人最佳的選擇只能是分手。

　　讓我們進一步假設：李平與魏芳畢業後留在了同一個縣市，他們還會如此輕易地選擇分手嗎？如果沒有特殊情況，應該不會。至少分手的可能性要大大降低，因為畢業後同處一個縣市，就是說二人之間還有美好的未來，從而使得二人間的博弈從「有限重複賽局」變成了「無限重複賽局」，而無限重複賽局中，最理性的選擇是合作而非對抗。

　　因「有最後一次的重複賽局」而發生的對抗性情形在生

活中並不鮮見，比如張三、李四兩個同事平時有衝突，二人面臨的是長期共事，且誰也不知道會共事到什麼時候，如果他們都是嚴格意義上的「理性經濟人假設」，則通常不會大打出手，即便不能化干戈為玉帛，也只會暗鬥而不會明爭。但一旦哪一天其中一位決定離開公司，那麼，雙方積蓄已久的怒氣就很有可能集中爆發，因為「無限重複賽局」變成了「有限重複賽局」，在「有限重複賽局」中，雙方所能選擇的最佳策略是對抗。

◆

重複賽局啟示

　　俗話說「君子報仇，十年不晚」，因為一個理性的人要「報仇」，必須考慮報仇的條件是否成熟，會有什麼樣的後果與得失，而非莽撞行事。

第五章

膽小鬼賽局 —— 進退有度的博弈策略

鬥雞場上，兩隻好戰的公雞發生激戰。兩隻公雞或進或退，如果一方退下來，而對方沒有退下來，對方獲得勝利；如果對方也退下來，雙方則打個平手；如果自己沒退下來，而對方退下來，則自己勝利，對方失敗；如果兩隻公雞都前進，則兩敗俱傷。這就是膽小鬼賽局，它是解析兩個強者在對抗的時候，如何能讓自己占據優勢，力爭得到最大收益，確保損失最小的博弈策略。

適當退讓避免兩敗俱傷

在一個拍賣會上，有兩個人在爭奪一件價值 1,000 元的物品。拍賣規則是：輪流出價，誰出價最高，誰就得到該物品，但是出價低的人不僅得不到該物品，並且要按他所叫的價付給拍賣方。這時只要雙方開始喊價，在這場博弈中雙方就進入了騎虎難下的狀態。

因為每個人都這樣想：如果我退出，我將失去我出的錢，若不退出，我將有可能得到這價值 1,000 元的物品。但是隨著出價的增加，他的損失也可能越大。每個人都面臨著是繼續喊價還是退出的兩難困境，因此雙方騎虎難下。

一旦出現這種局面，及早退出是明智之舉。然而當局者往往是做不到的，這就是所謂的「當局者迷，旁觀者清」。這種情況經常出現在企業或組織之間，也出現在個人之間。比如，賭紅了眼的賭徒輸了錢還要繼續賭下去以希望回本。其實，賭徒進入賭場開始賭博時，他已經處於騎虎難下的狀態。

其實，這場博弈實際上有一個納許均衡：第一個出價

人叫出 1,000 元的競標價，另外一個人不出價（因為在對方叫出 1,000 元的價格後，他繼續喊價將是不理性的），出價 1,000 元的參與者得到該物品。這是最理性的方法。

還有一個關於商業債務的故事：債權人 A 公司與債務人 B 公司雙方實力相當，債權債務關係明確。B 公司欠 A 公司 10 萬元，金額可協商，若雙方達成妥協，A 公司可收回 9 萬元，減免 B 公司債務 1 萬元，B 公司收益為 1 萬元。

若一方強硬，一方妥協，則強硬方收益為 10 萬元，而妥協方收益為 0；如雙方強硬，發生暴力衝突，A 公司不但沒收回債務還受傷，醫療費用損失 10 萬元，則 A 公司的收益為－ 20 萬元，而 B 公司則是損失 10 萬元醫藥費。

因此，A 公司、B 公司各有兩種策略：妥協或強硬。每一方選擇最佳策略時都假定對方策略給定：若 A 公司妥協，則 B 公司強硬是最佳策略；若 B 公司妥協，則 A 公司強硬將獲更大收益。於是雙方都強硬，企圖獲得 10 萬元的收益，卻不曾考慮這一行動會為自己和對方帶來－ 10 萬元。

故這場博弈有兩個納許均衡：A 公司收益為 10 萬元，B 收益為 0，或 A 公司、B 公司皆妥協，收益支付分別為 9 萬元、1 萬元。也就是債權人與債務人追求利益最大化，如果雙方不合作，從某種意義上說，雙方陷入了囚徒困境。

這個故事符合賽局理論的膽小鬼賽局模型：某一天，在一個鬥雞場上，有兩隻好戰的公雞發生激戰。這時，兩隻公雞有兩個行動選擇：一是退下來，二是進攻。

如果一方退下來，而對方沒有退下來，對方獲得勝利；如果對方也退下來，雙方則打個平手；如果自己沒退下來，而對方退下來，自己則勝利，對方則失敗；如果兩隻公雞都前進，那麼則兩敗俱傷。

兩隻公雞在鬥雞場上要做出嚴格優勢策略的選擇，有時並不是一開始就做出這樣的選擇，而是要透過反覆的試探，甚至是經過激烈的爭鬥後才會做出嚴格優勢策略的選擇：一方前進，一方後退。

所以，對每隻公雞來說，最好的結果是，對方退下去，而自己不退；反之，雙方都不退的時候就面臨著兩敗俱傷的結果。先不妨假設兩隻公雞如果均選擇「前進」，結果是兩敗俱傷，兩者的收益是－2個單位，也就是損失2個單位；如果一方「前進」，另一方「後退」，前進的公雞獲得1個單位的收益，而後退的公雞獲得－1的收益，即損失1個單位，但沒有兩者均「前進」受到的損失大；兩者均「後退」，兩者均獲得－1的收益，即1個單位的損失。

膽小鬼賽局啟示

在現實中運用賽局理論中的鬥雞定律，要遵循一定的條件和規則。哪一隻公雞前進，哪一隻公雞後退，不是誰先說就聽誰的，而是要進行實力的比較，誰稍微強大，誰就有更多的前進機會。但這種前進並不是沒有限制的，而是前進和後退都有一定的距離，這個距離是兩隻公雞都能夠接受的。一旦超過了這個界限，只要有一隻公雞接受不了，那麼膽小鬼賽局中的嚴格優勢策略也就不復存在了。

長遠的利益高於眼前的利益

我們已經知道，膽小鬼賽局描述的就是兩個強者在對抗的時候，如何能使自己占據優勢，得到最大收益，使損失最小。

在有進有退的膽小鬼賽局中，前進的一方可以獲得正收益值，而後退的一方也不會損失太大，後退可能會失去面子，但是失去面子總比傷痕累累甚至喪命要好得多。當然，更好的結果不是一方退讓給一方勝利的機會，而是雙方都能夠妥協，都有所收穫，取得雙贏的最佳結果。可見，膽小鬼賽局這一理論中包含著妥協的道理，甚至可以說，妥協是膽小鬼賽局的精髓。如果凡事一定要爭個輸贏，那麼不但僵局難以打破，而且還會給自己造成損失。

西元 1787 年，新獨立的美國在費城召開制憲會議，由於大州與小州的利益不同，會議陷入了國會代表產生方式的僵局。當時的情形是，各州的大小與人口多少不一致，小州希望參眾兩院都採用以州為單位的等額代表制，而大州則要求按照人口比例推選代表。雙方僵持不下之際，康乃狄克州的代表薛曼（Roger Sherman）提出了一個妥協方案：眾院按照

人口比例代表制，參院則實行等額代表制。小州做出妥協，表示同意，但是大州卻不肯退讓。這時小州代表聲稱，如果大州堅持按他們的想法一意孤行，小州就只能退出合眾國。制憲會議進行到這裡，隨時都有分崩離析的危險。

正當雙方僵持時，有兩個喬治亞州的代表搭一輛馬車離開費城去了紐約。他們都是本州大陸議會的議員。因為大陸議會在紐約辦公，並且有事需要解決，所以他們離開費城，去了紐約，這對局勢產生了影響。這時對會議表決發揮重要作用的還有馬里蘭州的代表傑尼弗和路德‧馬丁（Luther Martin）。傑尼弗的觀點接近大州，路德‧馬丁的觀點偏向小州。他們在投票的時候，經常意見相左，從而使馬里蘭州的投票常常作廢。

當全體委員會再次進行表決時，傑尼弗卻缺席了。贊成參院等額代表制的投票可以肯定的是四票。再加上傑尼弗意外缺席，馬里蘭州的一票，由路德‧馬丁做主投了贊成票，一共五票。傑尼弗在投票表決的重要時刻缺席，令很多人感到驚訝。原來他是故意不出席的，並且投票一結束，他又突然出現，還若無其事地步入會場，繼續開會。他傾向於比例代表制，但是明白如果自己堅持，將會對會議乃至整個國家造成不良的後果，所以他決定用這種方式妥協，讓路德‧馬丁一個人為馬里蘭州投下贊成票，從而使會議免於瓦解。後

來持不同意見的雙方幾經妥協，費城會議正式接受了薛曼提出的康乃狄克妥協案（Connecticut Compromise），確定了未來國會兩院的組成、選舉辦法和代表制。

被歷史學家所公認的是，美國製憲會議的最終成功源於妥協精神。可以毫不誇張地說，如果當初美國的先賢們沒有妥協精神，而是擺出如膽小鬼賽局中一副你死我活的姿態，以互不讓步的方式來談判，那麼沒有人知道今天的美利堅合眾國將會是怎樣的一副面孔。而縱觀美國歷史，從西元 1787 年費城制憲會議到現在，美國發生過許多衝突，如南北方衝突、種族衝突、工農業地區的衝突、貧富衝突等。但是，從來沒出現過大小州的利益衝突。因此，美國人虔誠地把此次會議的妥協稱作「偉大的妥協」。

膽小鬼賽局不僅發生在政治領域，在日常生活中，類似的衝突也不鮮見，如夫妻之間。美國人認為，有兩件事情夫妻不能一起做：一是裝潢，二是教對方開車。美國著名雜誌曾做過專門報導，現實中因裝潢而導致夫妻離婚，或者打算結婚的年輕人因裝潢而分道揚鑣的事件不斷增加。西元 2007 年，美國有 1/3 的離婚原因是夫妻不和，其中，裝潢就是一個重要的導火線。

現實生活中，因裝潢引起的夫妻或戀人間的紛爭多如牛毛，甚至有的戀人本來準備裝潢完新房結婚，可是實際上卻

是裝潢完了新房分手 —— 因裝潢爭吵傷了感情。為什麼夫妻會因為裝潢而傷了感情呢？或許膽小鬼賽局可以給予解答 —— 在一個問題上各執己見，誰也不肯讓步，比如女方要裝成現代風格的，而男方要裝成古典風格的；女方想以淺色調為主，而男方非得買深色地板；女方希望裝得精緻一些，而男方認為差不多就行……無論在哪一個小的環節上二人發生衝突且互不相退讓的話，一場家庭戰爭都有可能爆發。二人在一個問題上意見不一致，就吵一次；在十個問題上意見不一致，則會吵十次。如果在裝潢的過程中一直這樣吵來吵去，就很有可能吵到要分手的地步。

但是如果懂得膽小鬼賽局可能帶來的後果，則情形會有所改觀。假設夫妻二人裝潢意見有分歧，雙方都堅持自己的意見，結果兩個人都很不高興，這時二人的收益都是－2；如果一方堅持，一方讓步，則堅持的一方收益是1，而退步一方的收益為－1，比較而言，兩者的損失比雙方都堅持要小。也就是說，在裝潢問題上無論聽誰的，總有一方不高興；但是如果因此而吵得不可開交，則兩個人都不高興。既然如此，還不如讓一個人高興，因為這樣總比兩個人都不高興強。

◆

膽小鬼賽局啟示

在一場博弈中，雙方利益發生衝突的情況下，並非只有魚死網破、你死我活一條路可以走，如果你要為自己最長遠的利益打算，就有必要在博弈中與對方達成妥協，很多情況下，只有妥協才能使膽小鬼賽局取得圓滿的結局。

敲山震虎的威懾策略

西元 683 年 12 月，唐高宗李治駕崩，太子李顯即位，是為唐中宗。武則天以皇太后的身分臨朝執政，她不能容忍唐中宗重用皇后韋氏家族的人，就把唐中宗廢了，立她的四兒子李旦為帝，就是唐睿宗。但她不許唐睿宗干預朝政，一直由她自己做主。

唐朝的一些元老重臣對這種狀況非常不滿，徐敬業等人打著擁護唐中宗的旗號，在揚州起兵反對武則天。武則天派出 30 萬大軍討平了徐敬業，殺了傾向徐敬業的宰相裴炎和大將程務挺。

叛亂平定以後，武則天知道朝中反對者仍然為數不少，於是以勝利者的姿態召見群臣，對他們說：「你們這些人中間，有比裴炎更倔強難制的先朝老臣嗎？有比徐敬業更善於召集亡命之徒的將門貴族嗎？有比程務挺更能攻善戰、手握重兵的大將嗎？這三個人不利於我，我能殺他們，你們有比這三個人更厲害的嗎？」於是反對者沒有人敢吭聲了。

武則天的策略，可以稱為敲山鎮虎，也就是為自己製造聲勢，使潛在的敵人震恐，從而不敢與之正面交鋒。其訣竅

就在於在衝突即將發生時，向對手言明衝突的利害，從而使對手在權衡利弊後主動退出博弈。

◆

膽小鬼賽局啟示

　　人們常說「兩虎相爭，必有一傷」，然而更為現實的情況是，殺敵一萬，自損八千。也就是說，表面上的勝利，其實往往是以自身的體無完膚為代價換取的。為了避免這樣的局面，博弈參與者可以先把博弈的形勢以及最為現實的結果向對方說明，把選擇權交給對方。如果對方也覺得僵持下去得不償失，他自然就會做出明智的選擇。

膽小鬼賽局中的麻痺策略

《莊子・外篇・達生》中記載了這樣一個故事：紀渻子為周宣王馴養鬥雞。過了十天，周宣王問：「雞馴好了嗎？」紀渻子回答說：「不行，正虛浮驕矜自恃意氣哩。」十天後，周宣王又問，紀渻子回答說：「不行，還是聽見響聲就叫，看見影子就跳。」十天後，周宣王又問，紀渻子回答說：「還是那麼顧看迅疾，意氣強盛。」又過了十天，周宣王問，紀渻子回答說：「差不多了。別的雞即使打鳴，牠已不會有什麼變化，看上去像木雞一樣，牠的德行真可說是完備了，別的雞沒有勇於應戰的，掉頭就逃跑了。」

故事中的一隻雞因為精神集中得像一截木頭似的，結果就把對方的鬥雞給完全嚇住了，以至「不戰而屈人之兵」。這樣的偶然也許有，但是很多時候必須一番鬥力才能將對方完全制服。而在膽小鬼賽局中，要想贏得勝利，麻痺策略就顯示出了它的重要性。

麻痺敵人的方式有很多種，「呆若木雞」是一種，而「笑裡藏刀」又是一種；當「呆若木雞」行不通的時候，就不妨考慮一下「笑裡藏刀」。當面對較為強大或勢均力敵的

對手的時候，就不可一味強攻，這個時候可以透過表面上示好，以善良、動聽的言辭作為假象，來掩蓋真實用心和企圖。「笑裡藏刀」的訣竅就在於麻痺敵人，使其放鬆戒備，然後再趁機發動進攻。

在《紅樓夢》裡，王熙鳳一共出場了 80 多次，其中大部分都是帶笑出場，所以形容她「未見其人，先聞其聲」。愛笑正是王熙鳳明顯的性格特徵，真可謂「粉面含春威不露，丹唇未啟笑先聞」。王熙鳳幾乎不笑不說話，並且笑法各異，或「忙笑」，或「冷笑」，或「假笑」，或「嘻嘻笑」。有時字裡行間沒有寫笑，卻都讓人感到她在笑。她有時先笑後說，有時先說後笑，有時邊說邊笑，有時用笑表示開心，有時又用笑表示不滿。當然，最可怕的正是王熙鳳暗藏殺機的笑，這也是她的拿手好戲。被王熙鳳害死的人，如賈瑞、張金哥、守備公子、尤二姐、司棋等人，幾乎都是在她的笑聲中死去的。特別是賈瑞和尤二姐，完全是她的「笑裡藏刀」之計的犧牲品。

賈瑞是賈府中一位塾師的兒子，他因為貪戀王熙鳳的美色，遂起淫心。王熙鳳為了教訓這個不知廉恥、目無尊卑的傢伙，於是就假意逢迎，在一個寒冬的晚上和賈瑞約好了「約會」地點。後來賈瑞果真去了，先是被假王熙鳳狠狠地敲詐了一筆，接著又被人鎖到了露天的走道裡，可是他又不敢聲張，最後還被人潑了一身的屎尿，在外面被整整凍了一

夜，第二天就死掉了。尤二姐是王熙鳳丈夫的二房，也先是被王熙鳳的「笑」給迷惑住了，繼而王熙鳳又使出一招借刀殺人之計，結果也要了尤二姐的命。

以上這兩個情節，都很能展現王熙鳳的足智多謀和陰險毒辣，她真正做到了「信而安之，陰以圖之」的麻痺策略，直到賈瑞氣絕之時還感覺王熙鳳在「招手叫他」，尤二姐死時尚視王熙鳳為知己姐妹。

在軍事上，先去麻痺敵人，使得敵人變得驕傲起來，然後乘其不備而取之的例子也很多。所以說，麻痺的方式多種多樣，「笑臉相迎」是主要的，俗話說「伸手不打笑臉人」，這樣也就比較容易取得敵人的信任了。

三國時期，由於荊州地理位置十分重要，所以就成為兵家的必爭之地。西元 217 年，吳國的魯肅病死，至此，孫、劉聯合抗曹的「蜜月期」結束。當時劉備麾下的大將關羽鎮守荊州，孫權久存奪取荊州之心，只是眼見時機尚未成熟而已。不久以後，關羽就發兵進攻曹操所控制下的樊城，怕有後患，就留下重兵駐守公安、南郡，以確保荊州的安全。而孫權手下的大將呂蒙卻認為奪取荊州的時機已到，但因有病在身，便建議孫權派當時毫無名氣的青年將領陸遜接替他的位置。孫權應允，於是陸遜上任，駐守於陸口。當時，並不顯山露水的陸遜就跟關羽定下了假和好、真備戰的策略。

足智多謀的陸遜寫了一封信給關羽，信中他極力誇耀關

羽，稱關羽功高望重，可與晉文公、韓信等人齊名；又自稱一介書生、年紀太輕、難擔大任，還要關羽多加指教。而關羽一向驕傲自負、目中無人，他看完陸遜的信，仰天大笑道：「無慮江東矣。」接著，他馬上從防守荊州的守軍中調出大部人馬，一心一意攻打樊城。而陸遜暗地派人向曹操通風報信，約定雙方一起夾擊關羽。孫權也認定奪取荊州的時機已經成熟，便派出病癒的呂蒙為先鋒向荊州出發。當時，呂蒙將精銳部隊埋伏在改裝成商船的戰艦內，「白衣渡江」，日夜兼程，突然襲擊並攻下了南郡。關羽得訊後急忙回師，但為時已晚，孫權大軍已乘勝占領荊州。最後，曹操軍又攻擊其後，關羽只得敗走麥城。

由此可見，在博弈中不要一味拿出鋒芒畢露、咄咄逼人的架勢，應該首先認真地研究對手，再採取適當的策略。而想辦法麻痺敵人，做到笑裡藏刀，這就算已成功大半了。

膽小鬼賽局啟示

在膽小鬼賽局中，不要一開始就擺出一副你死我活的姿態，可以首先採用試探的方式，摸清對方的特點，如對驕傲自大的要增加他的傲氣，對心懷畏懼的則要展示自己的威力。總之就是要盡量使敵人放鬆警惕，而自己則暗中準備，尋找有利時機發起攻勢。

留得青山在，不愁沒柴燒

我們常說「狹路相逢勇者勝」，在膽小鬼賽局中，狹路相逢的情況一旦發生，一定會是絕不退縮的「勇敢者」獲勝嗎？讓我們來看一則歷史故事。

漢高祖劉邦臨死的時候，留下了「非劉姓者不得封王」的遺囑。他的兒子漢惠帝在位的時候按這個遺囑行事。漢惠帝死後，呂后臨朝稱制，就違背了劉邦立下的遺囑，要立自己家姓呂的人為王。她徵求朝中大臣的意見，右丞相王陵說：「當初高祖在世，與臣等立下誓約，若有非劉姓而封王者，天下共擊之。如今若封呂姓為王，是違背誓約的行為。」

呂后聽了很不高興，又問左丞相陳平、絳侯周勃，周勃等人回答說：「如今太后為一國之主，封自己的子弟為王沒有什麼不合適的。」太后聽了很高興。

罷朝以後，王陵責備陳平、周勃等人說：「當初盟誓的時候你們難道不在場嗎？如今太后要封諸呂為王，你們只知道順情討好，卻不顧與先帝的誓約，將來有何面目見先帝？」陳平等回答說：「勇於直言諫諍，我們確實不如你；但是保

留江山社稷和保護劉氏的後代，你就不如我們了。」

後來王陵因此被免去丞相職務，而陳平、周勃也因保留了自己的力量，最後滅掉諸呂，清除了呂氏的勢力，迎立代王劉桓為帝，即後來的漢文帝。漢文帝當政時期，陳平、周勃均官居丞相。

我們用膽小鬼賽局的模型來分析上述呂后與群臣的博弈：當時呂后權盛，如果「勇敢」地站出來公然反對呂后 —— 也就是採取膽小鬼賽局中「進」的策略，結果必定身受其害，王陵的遭遇清楚地說明了這一點；而陳平、周勃在這場博弈中採取了「退」的策略，保全了自身，也最終保住了劉氏的江山。由此可見，在膽小鬼賽局中，雖是一進一退，但從長遠的利益考察其結果，則「進」者未必贏，而「退」者未必輸。

在一進一退的膽小鬼賽局中，還會出現另外一種情形：一方已然採取了退的策略，而對方卻還步步緊逼。我們再來看歷史上著名的戰爭 —— 城濮之戰。

春秋時期，晉國公子重耳因受其父獻公寵妃驪姬的迫害而逃亡。重耳流亡楚國時，楚成王認為重耳日後必有大作為，就以國君之禮相迎，待他如上賓。

一天，楚王設宴招待重耳，兩人飲酒敘話，氣氛十分融洽。楚王忽然問重耳：「你若有一天回晉國當上國君，該怎

麼報答我呢？」重耳略一思索說：「美女待從、珍寶絲綢，大王您有的是，珍禽羽毛，象牙獸皮，更是楚地的盛產，晉國哪有什麼珍奇物品獻給大王呢？」楚王說：「公子過謙了。話雖然這麼說，可總該對我有所表示吧？」重耳笑笑回答：「要是託您的福，果真能回國當政的話，我願與貴國友好。假如有一天，晉楚之間發生戰爭，我一定命令軍隊先退避三舍（一舍等於三十里），如果還不能得到您的原諒，我再與您交戰。」

後來重耳真的回到晉國當了國君，就是歷史上有名的晉文公；而西元前632年，晉國和楚國之間真的發生了戰爭。由於楚國比較強大，因此統軍大將成得臣想要先發制人，率領楚國大軍重兵壓境。楚軍一進軍，晉文公立刻命令往後撤。晉軍後撤，楚軍步步進逼，就這樣，晉軍一口氣後撤了九十里，到了城濮才停下來，布置好了陣勢。而楚軍也一路追到城濮，跟晉軍遙遙相對。成得臣還派人向晉文公下了戰書，措辭十分傲慢。

晉文公便派人回覆說：「貴國對我的恩惠，我從來都不敢忘記，所以一直退讓到這裡。現在，既然你們還是不肯罷手，那麼，我們只好在戰場上比個高低了。」於是兩軍大戰，結果晉國大敗楚軍，晉文公經此一戰，一舉奠定在諸侯國中的盟主地位。

　　城濮之戰的結局驗證了在膽小鬼賽局中「進未必得、退未必失」的道理。在膽小鬼賽局中，退卻不完全是膽怯，更不代表退卻的一方就是懦夫。有時退卻恰恰是一種極為高明的博弈策略：藉由退卻既可以麻痺對手，使之以為自己膽怯，而於出其不意中將其擊敗；也可以為自己創造有利態勢，使得天時、地利、人和等有利因素傾向於己方；還可以表示自己的大度，同時反襯對方的刻薄無情，取得輿論的同情與道義的支持，從而改變博弈中敵強我弱的力量對比。總之，在膽小鬼賽局中，選擇退卻的一方，看似丟了面子，但是如果將退卻策略運用得當，也能最終贏得博弈。

◆

膽小鬼賽局啟示

　　處於弱勢的人也會有謀求發展壯大的進取之心，但是在自身條件尚未成熟的情況下，保存實力才是最重要的任務，也是求強求勝的前提。如果貿然與強勢的對手針鋒相對，那麼成功的機會就會很渺茫，只能白白斷送自己的努力和匱乏的資本。俗話說「留得青山在，不愁沒柴燒」，只有保存好自己的實力，才有成功的可能。

第六章

獵鹿賽局 —— 合作雙贏的博弈策略

獵鹿賽局是研究什麼情況下合作能為雙方帶來最大化收益及產生最高效率的賽局理論。合作的收益要大於單獨行動的收益，但只有對收益進行公平分配時，合作才有可能達成。合作中每個人的目的都是使自己的利益最大化，那麼如何在合作中獲取更多的利益，則是獵鹿賽局所要解決的問題。

優化資源配置實現雙贏

假如甲有臺嶄新的筆記型電腦但身無分文，只要有人肯出 3,000 元他就願意賣掉筆記型電腦。而乙有 4,000 元，他想買一臺筆記型電腦，並且願意為此花費手中的 4,000 元錢。兩個人的選擇都是成交或不成交。假設電腦的實際價值是 3,700 元（但兩人都不知道這一事實），兩人願意做交易，最後確定的成交價格是 3,500 元。那麼我們通常會說，在這個交易裡面存在不公平的因素，甲吃了虧，因為他把本來值 3,700 元的電腦少賣了 200 元，而乙占了便宜，因為他只花費了 3,500 元就買了價值 3,700 元的電腦。

實際上是這樣的嗎？讓我們以賽局理論的分析方法來看看甲、乙雙方在這場博弈中各自的收益：

甲以 3,500 元的價格賣掉他本以為價值 3,000 元的電腦，在他看來自己的收益多了 500 元；乙花 3,500 元得到他認為價值 4,000 元的電腦，加上手裡剩下的 500 元，收益比預期也多了 500 元。如果雙方不進行交易，也就是甲手裡還有一臺他認為價值 3,000 元的電腦，而乙手裡有 4,000 元錢，雙方的預期收益都沒有增加。

　　我們分析這場博弈可以發現，如果選擇交易，對雙方而言可以獲得更大的收益。也就是說，電腦從低估價的人手裡轉到高估價的人手裡，通過帶有合作性質的交易行為，雙方的收益都增加了。

　　要想知道為什麼合作能夠帶來收益，以及它比公平更能實現利益最大化的原理，我們就需要了解一下賽局理論中所說的獵鹿賽局。

　　獵鹿賽局的模型出自法國思想家盧梭（Jean-Jacques Rousseau）在其著作《論人類不平等的起源和基礎》（*A Discourse upon the Origin and the Foundation of the Inequality Among Mankind*）中描述的一個故事：古代的一個村莊有兩個獵人。當地主要的獵物只有兩種：鹿和兔子。在古代，人類的狩獵手段比較落後，弓箭的威力也有限。而鹿比較大，眼力好、奔跑迅速、生命力強，還有一對有力的角，兩個獵人合作才能獵獲 1 隻鹿。如果一個獵人單兵作戰，一天最多隻能捉到 4 只兔子。從填飽肚子的角度來說，4 只兔子能保證一個人 4 天不挨餓，而 1 隻鹿能使兩個人吃上差不多 10 天。這樣，兩個人的行為決策就可以寫成以下的博弈形式：要麼分別捉兔子，每人吃飽 4 天；要麼合作獵鹿，每人吃飽 10 天。

　　這個故事後來被賽局理論的學者稱為「獵鹿賽局」，它是賽局理論中的一個著名的理論模型。通過對比單獨行動與

合作獵鹿的結果我們可以發現，「獵鹿賽局」明顯的事實是，兩人一起去獵鹿的好處比各自捉兔子的好處要大得多。用一個經濟學術語來說，兩人一起去獵鹿比各自去捉兔子更符合帕雷托效率（Pareto efficiency）。

帕雷托（Vilfredo Federico Damaso Pareto）是一個人的名字，他是義大利的經濟學家，他最偉大的成就是提出了「帕雷托效率」這個理念。在經濟學中，帕雷托效率的準則是：經濟的效率展現於配置社會資源以改善人們的境況，主要看資源是否已經被充分利用。如果資源已經被充分利用，要想再改善，我就必須損害你或別人的利益，要想繼續改善，你也必須損害我或另外某個人的利益。如果用一句話簡單地概括就是：要想再改善，都必須損害別人的利益，這時候就是一個經濟已經實現了帕雷托效率。相反，如果還可以在不損害別人的情況下改善任何人，就認為經濟資源尚未充分利用，就不能說已經達到帕雷托效率。效率是指資源分配已達到這樣一種境地，即任何重新改變資源分配的方式，都不可能使一部分人在沒有其他人受損的情況下受益。

在獵鹿賽局中，比較（10，10）和（4，4）兩個納許均衡，明顯的事實是，兩人一起去獵梅花鹿比各自去抓兔子可以讓每個人多吃 6 天，我們說二人的境況得到了帕雷托改善。

◆

獵鹿賽局啟示

　　雙贏的可能性是存在的，而且人們可以通過合作達成這一局面，合作是利益最大化的武器。如果對方的行動有可能使自己受到損失，應在保證基本收益的前提下盡量降低風險，與對方合作，從而得到最大化的收益。

你為什麼覺得社會不公平

對獵鹿模型的討論，我們的思路實際只停留在考慮整體效率最高這個角度，但卻忽略了效率與公平的衝突問題。如果仔細分析，我們會發現該案例中有一個隱含的假設，就是兩個獵人的能力和貢獻相當，雙方均分獵物。可是實際上顯然存在更多不同的情況。比如說一個獵人的能力強、貢獻大，他就會要求得到較大的一份。但有一點是肯定的，能力較差的獵人的所得，至少要多於他獨自打獵的收穫，否則寧可單獨行動。

我們不妨做這樣一種假設，獵人甲比獵人乙狩獵的能力要略高一些，或者獵人甲的爸爸是酋長，擁有分配鹿肉的話語權。如果這樣的話，獵人甲與獵人乙合作獵鹿之後的分配就很可能不是兩人平分成果，而是處於優勢地位的獵人甲分到更多的鹿肉（比如可供吃 17 天的），而處於劣勢地位的獵人乙分得相對少的鹿肉（比如只夠吃 3 天的）。在這種情況下，整體效率雖然提高了，但卻不是帕雷托改善，因為整體的改善反而傷害到獵人乙的利益。畢竟如果不與獵人甲合

作，獵人乙單獨狩獵捕獲的野兔可供 4 天之需，所以在這種
情況下他不會選擇與獵人甲合作。

生活中不乏這樣的例子。比如張三與李四是好朋友，他
們要合夥開一家公司。開公司之前張三與李四都在別人底下
工作，假設其年薪都是 20 萬元。而二人合夥在利潤分配上，
約定張三拿 70%，李四拿 30%，算下來張三每年可以分得 35
萬元利潤，而李四只能分得 15 萬元利潤。這時相對於二人分
別為他人工作的收益（20，20），合夥開公司就不具有帕雷
托優勢。因為雖然 35 ＋ 15 比 20 ＋ 20 大，二人的總體收益
也改善了很多，但是由於李四的所得 15 萬元少於他自己為他
人工作的所得 20 萬，他的境遇不僅沒有改善，反而惡化，所
以站在李四的立場，（35，15）不如（20，20）好。如果合
作結果是這樣，那麼，李四一定不願意與張三合作。

這就涉及帕雷托改善與帕雷托效率的問題。在上一個例
子中，如果張三、李四兩個人透過合夥做生意，收入從以前
的（20，20）變成了（25，25），我們說兩人的境遇得到了
帕雷托改善。而如果兩人透過合夥做生意，收入從以前的
（20，20）變成了（35，15），雖然總體收入有所提高，但是
我們只能說這個合作展現了帕雷托效率，但是稱不上帕雷托
改善。由此可見，帕雷托改善應是雙方都認可的改善，而不
是犧牲一方利益的改善。

「帕雷托效率」與「帕雷托改善」具有很強的現實意義，長期以來受到經濟學界的關注。比如對於一些國家的經濟改革，人們一致認為是一種帕雷托改善的過程，因為雖然有一部分先富了起來，社會不平等現象也在增加，但是總體上人們的收入增加了，相對於改革以前生活得到了很大的改善。也就是說，社會群體在改革中獲益，儘管社會上存在一些不滿情緒與不平衡心態，儘管人們對於改革過程中出現的一些社會不公平現象眾說不一，但人們對於改革的成果和必要性基本持肯定與讚揚的態度。

可是隨著發展的深入，帕雷托改善在某些情況下逐步被帕雷托效率取代。「不患寡而患不均」，一旦在分配中忽視了公平，博弈中的弱勢群體就會有不滿、牢騷、抱怨、怠工，甚至會引發更大的衝突。

◆

獵鹿賽局啟示

現實生活中，很多老闆自己消費，出手絕對闊綽；但在發薪資給員工時卻錙銖必較，甚至惡意拖欠薪資的事也時有發生。員工在這樣的企業中工作，發牢騷、抱怨、偷懶、得過且過實在是再正常不過的事。可見，犧牲公平去追求效率，從長遠看無法形成一個穩定的均衡。

合作是「消滅」對手的最好方式

　　戰國末期，趙國因有藺相如與廉頗這一文一武兩位賢臣，使得秦國在與趙國的交鋒中一直占不到便宜。可是廉頗是武將，其功勞是在戰場上出生入死拚殺出來的；而藺相如是文臣，沒有戰功，憑藉完璧歸趙與澠池相會兩次在外交上為趙國爭得利益，因此備受趙王器重，被趙王封為上卿，位列廉頗之上。廉頗心中不服，憑著自己戰功多、資格老，對藺相如很不禮貌，並公開宣稱，如果遇到藺相如，就要好好羞辱他一番。

　　藺相如聽到訊息後，經常稱病不上朝，以免見到廉頗，出門時如果遠遠地看見廉頗也趕緊避開，免得發生正面衝突。手下人看不過去，問藺相如為什麼這麼怕廉頗，藺相如回答：「秦王我都不怕，怎麼會怕廉頗？我之所以避讓他，是考慮秦國時刻對我們趙國虎視眈眈，秦國之所以不敢加兵於趙國，只是因為有我們兩個在。如果我們二人不和，非要爭個你死我活，豈不正中秦國下懷？我之所以這樣，是不敢因私廢公罷了。」廉頗聽說後非常慚愧，到藺相如府負荊請罪，二人從此成為刎頸之交。

　　這段「將相和」的故事之所以成為千古美談，不僅在於

故事中人物的高風亮節，而且在於它給了我們一個啟示：一個團隊在爭生存、求發展的過程中，只有堅持團結、合作、取長補短，才是對大家都有利的選擇。

但是從賽局理論的角度來分析，這只是一個很感性的認知。在現實的博弈中，人們是否會選擇合作，或者合作能夠維持多久，與每個人的利益密切相關。經由前面的學習我們知道，在一場囚徒困境博弈中，參與者的策略組合往往有以下四個：

第一，雙方都合作，對集體而言是最佳策略；

第二，自己合作，對方背叛，則自己會在博弈中吃虧；

第三，自己背叛，對方合作，則對方會在博弈中吃虧；

第四，雙方都背叛，無論是對集體還是對個人而言都是最壞的結果，但卻是這場博弈中唯一的納許均衡。

了解戰國時期各國的合縱與連橫的歷史，有助於我們理解上述問題。

戰國時期，齊、楚、燕、韓、趙、魏、秦七雄並立。戰國中期，齊、秦兩國最為強大，東西對峙，互相爭取盟國，以圖擊敗對方。其他五國也不甘示弱，與齊、秦兩國時而對抗、時而聯合。大國間衝突加劇，外交活動也更為頻繁，出現了合縱和連橫的鬥爭。

先是蘇秦說服了東部的燕、趙、韓、魏、齊、楚六個大國組成南北防禦聯盟 —— 當時稱為「合縱」，共同對抗西部秦

國的侵略。這六個國家約定，無論秦國出兵攻擊哪一個國家，其他國家都發兵相助，共同對付秦國。秦國對合縱既怒且恐，但又無可奈何。這時蘇秦的同學張儀「橫空出世」，來到秦國為秦王獻上了「連橫」之策，即利用六國之間的衝突，恩威並施，拆散了他們之間的聯合。最終，六國依序被秦國滅掉。

從這個例子中可以看出，六國採取「合作」策略時，秦國雖然強大，但不敢輕易出兵討伐任何一國；六國一旦各自為戰，就會輕易地被強秦所滅。

傳統競爭模式中，企業間的競爭往往以對抗為中心，以至於自我過分關注於對手的舉動，並將大部分注意力集中在思考對策上，這種競爭模式使企業忽略了自身策略目標的詳細制定，限制了自我創造力的發揮，導致零和賽局（Zero-sum game）不斷出現。但事實上，競爭永遠存在，過分敵視競爭對手，只會讓企業忽略同行業聯手有可能帶來的巨大盈利。

◆
獵鹿賽局啟示

隨著世界經濟全球化的形成，企業經營也跟著逐漸全球化，世界貿易自由化趨勢越來越強，企業所面臨的競爭早已從國內延伸到了國際。在巨大的競爭壓力與爭奪全球市場的強烈動機下，企業只有採取聯盟競爭的策略，透過各種不同形式的合作，才能創造出更強的競爭優勢。

第七章

智豬賽局 —— 借他人之力獲益的博弈策略

　　大豬和小豬共同生活在一個豬圈裡。豬圈很長，一頭是踏板，一頭是食槽。只要一踏踏板，食物就會落入槽中。如果大豬跑去豬圈的一頭踏踏板，等它回來時小豬已經把食物吃下許多；而如果小豬去踏踏板，等它回來時槽中食物更是所剩無幾。大豬與小豬，誰更有動力踏踏板呢？正如一家企業中，有勤勞肯做事、任勞任怨的員工，也有避重就輕、耍小聰明的員工，如何才能讓所有員工都能在公平的環境中積極地工作呢？這就是智豬賽局將要討論的話題。

弱勢也能成為克敵致勝的武器

科學家做過一個實驗,在豬圈裡放進一頭小豬和一頭大豬,並且在豬圈的一端安裝一個踏板,豬在踏板上每踩一下,踏板另一端的投食口就會落下食物。當小豬踩踏板時,大豬就能夠跑到豬圈的另一端獲得食物,還會將食物全部吃完;而當大豬踩踏板時,小豬也能得到食物,同時還能剩下一些食物。時間一長,聰明的小豬躺在投食口附近一直不動,大豬沒有其他對策,為了吃到食物只好積極合作,努力踩踏板。

這就是有名的「智豬賽局」。處於弱勢的小豬能在食物爭奪戰中占據有利地位,而大豬對此毫無辦法,這是因為小豬很好地利用了「遊戲規則」。

現實生活中,許多人由於自身條件的限制,在與別人博弈時往往會處於下風,這時候,不妨採用小豬的「等待策略」,讓對方主動為自己讓利。

弱者往往具有一個特點,就是相對強者而言他們更「輸得起」。在這種心理優勢面前,弱者會與對方乾耗下去,等到對方做出妥協,最終就可能無奈地讓出部分利益。

　　兩個相互競爭的對手，往往會因為利益發生衝突，這時候，弱勢的一方可能會擺出硬碰硬到底、絕不讓步的架勢。而強者可能就有所考慮，如果一直爭鬥下去，對自己毫無用處，不如做一些妥協，這樣反而會把損失降到最低。

　　還有一種方式就是搭對方的「順風車」，這在大小企業的競爭中經常出現。在市場經濟中，面對同一塊市場，小企業為了減少開發成本和風險，往往會等待大企業先行開發市場，自己再慢慢跟進。大企業當然也想等到時機成熟再慢慢跟進，可是如果雙方都不採取行動的話，這塊市場就有可能被別人占有，在小企業的「戰術」面前，大企業逼不得已只好被迫率先採取行動。

　　這種「搭順風車」的策略也會被運用到戰爭中。比如甲、乙兩國都與丙國為敵，其中甲國稍強，而乙國比較弱，如果甲、乙其中一國率先向丙國發起進攻，另一國肯定會坐收漁翁之利。兩國都想到了這一點，因此都不敢輕舉妄動。這時候，稍弱的乙國就可以選擇等待，因為一旦自己率先發起進攻，可能得不到任何利益。

　　可是甲國等不起，為了實現自己的政治目的，它必須盡快滅掉丙國，而且自己力量占優，在打敗丙國後，仍然留有一定的實力，這樣就能保證戰爭勝利後，不會被乙國獨霸利益。經過權衡之後，甲國很有可能會率先發起進攻，而聰明

的乙國就可以輕鬆得到自己的利益。

這是弱者的一種生存之道，也是將弱勢轉化為競爭優勢的一種策略。當然，這種策略總是顯得有些被動和消極，因為決策能否成功往往取決於博弈的對方，而且你的成功往往是用對方的成本換來的，對方肯定不會長久忍受下去，一旦對方不想做出讓步或不願再為你作嫁衣，那麼你將得不到任何利益。

智豬賽局啟示

「智豬賽局」中小豬的手段看起來更像是一種無賴的取巧手段，容易招致別人的反感，甚至會反受其害。一般人不會和一個無賴死纏到底，無賴也正是抓住別人這樣的弱點，所以總是不斷提出無理要求。可是他往往會忽略一點，那就是人的容忍度是有限的，一旦這個無賴故技重施，甚至得寸進尺，那麼別人就可能會做出凶狠的反擊，到時候，無賴就會得不償失。

把握一切可以利用的機會

本來，在與大豬的博弈中，小豬明顯處於下風，牠不能像大豬那樣隨心所欲，因為牠輸不起。而要在與大豬的博弈中贏得生存權，小豬就必須學會把握一切可以利用的機會，從而使得自己立於不敗之地。

機會總是有的，只要善於把握，比如：大豬因為自身的先天優勢，它就可能會表現出驕傲、浮躁的情緒來，這時小豬便正好利用；再比如：可能在大豬看來可以將就的事情，對小豬而言卻是至關重要的事情，所以它才能夠從大豬嘴裡「摳」出一些糧食來維持生計。而在人的博弈中，也有強者和弱者之分，兩者為了自己的利益最大化，都可以盡量地利用對方的疏忽來打敗對方。而對方的疏忽，也正是自己所要努力尋求的機會，機不可失，時不再來，所以也更應該堅決果斷地出擊，把握機會達到自己的目的。

比如在戰爭中，敵人可能會在某個時間點疏於防備，這時候己方正可乘機出擊。李愬雪夜下蔡州就是這方面的一個典型：唐朝中後期，藩鎮不服從中央的號令、鬧獨立的傾向非常嚴重，當時就有一位新任的蔡州節度使吳元濟起兵叛亂，唐憲宗於是就派出了大將李愬出兵平叛。

李愬到任後，先是放風聲迷惑吳元濟，說自己只是個懦弱無能的人，而朝廷之所以派他來只是為了維持地方秩序而已，至於攻打吳元濟，根本與他無關。後來吳元濟也偵察到李愬一點動靜也沒有，就放鬆了警惕。其實，李愬一直暗中部署直攻吳元濟老巢蔡州的策略，他先是收買了吳元濟手下的大將李佑，並從李佑那裡得知蔡州正是吳元濟最大的空隙，因為那裡駐防的都是一些老弱殘兵。假使唐軍能夠迅速直搗蔡州，那麼一定會收到出奇制勝的效果，一舉活捉吳元濟。

在一個雪天的傍晚，李愬率領精兵抄小路直抵蔡州城邊，他趁守城士兵呼呼大睡時，突然登城並成功開啟了城門，唐軍就這樣靜悄悄湧進了城。最後，還在睡夢中的吳元濟就成了唐軍的甕中之鱉。

在任何博弈中，機會肯定都是不會缺少的，只要能夠把握機會，就能夠贏得勝利。

智豬賽局啟示

機會是事業發展的關鍵，凡是做大事的人，都善於把握一切可以利用的機會。在追逐成功的旅程中，努力與才能固然重要，但是機遇也是不可或缺的因素之一。善於抓住機遇並創造機遇的人不會退縮也不會遲疑，他們會最大限度地為自己鋪就成功的基礎，張開雙臂迎接幸運女神的到來。

不占先機也可後發制人

　　元朝末年，全國各地掀起了反抗朝廷暴政的起義。除了我們大家熟知的明太祖朱元璋外，還有劉福通、徐壽輝、張士誠、陳友諒等也都各占一方。西元 1351 年，徐壽輝稱帝，建立天完政權；西元 1354 年，張士誠稱王，建立大周政權；西元 1355 年，劉福通立韓林兒為小明王，建立宋政權；西元 1360 年，陳友諒稱帝建立大漢政權；西元 1362 年，明玉珍稱帝建立大夏政權。而朱元璋攻下南京後，卻出人意料地不但沒有稱帝，反而採納謀士朱升的建議，奉行「高築牆，廣積糧，緩稱王」的方針。

　　讓我們再來看看結果如何？先稱王稱帝的，只會成為元朝軍隊的首要進攻目標，彼此之間頻繁交戰，弄得元氣大傷。而「緩稱王」的朱元璋一方面得以巧妙地避免成為眾矢之的，另一方面可以從容地積蓄力量，擴充實力，最後坐收漁翁之利。

　　朱元璋「緩稱王」這一舉措，巧妙地把自己置身於「智豬賽局」中「小豬」的位置上。誰稱王，誰自然成了反元的主力，而且稱王之人彼此間也最有威脅。而「緩稱王」一時

不會引起太多的注意，等力量壯大、時機成熟再動手。稱王稱帝的「大豬」們相互廝殺，實際上給了「緩稱王」的朱元璋能搭便車的機會。

如果把先稱王的義軍首領稱為「領先者」，則緩稱王的朱元璋則是「跟隨者」。相比較而言，在自己的實力不是很強大的情況下，採取跟隨一流企業的發展策略則相對明智。它風險最小、成功率最高、卻回報優厚。比如美國在影印機、汽車、傳真機等諸多領域的技術和市場優勢都曾占有主導地位。在日本企業與美國企業的較量中，美國企業的技術優勢是有目共睹的，日本企業採取跟隨策略，引進技術、消化吸收再創造，取得了成功，接二連三地取代了美國企業許多產品的市場主導權。在這場博弈中，作為「領先者」的美國企業為作為「跟隨者」的日本企業提供了搭便車的機會。

上述智豬賽局中的「搭便車」現象給了我們一個關於「後發制人」的啟示：在智豬賽局中，小豬的優勢策略就是等著大豬去踩踏板，然後自己獲利。換一種說法就是，小豬具有後發優勢，即如果大豬不去踩踏板，不會增加小豬的損失；大豬踩踏板，小豬可以多吃一些食物。在這場博弈中，對於小豬而言，其策略選擇的利弊非常清晰，即「後發制人，先發制於人。」

現實中其實不乏「後發制人，而先發制於人」的例子。《論語‧為政》中有這樣一段話：子張學干祿。子曰：「多聞闕疑，慎言其餘，則寡尤；多見闕殆，慎行其餘，則寡悔。言寡尤，行寡悔，祿在其中矣。」

把這段話翻譯過來就是：子張向孔子問獲得官職與俸祿的方法。孔子說：「多聽，保留有懷疑的地方，謹慎地說那些可以肯定的部分，就會少犯過錯；多看，不做危險的事情，謹慎地做那些可以肯定的部分，就不會失誤後悔。講話少過錯，行事少後悔，官職、俸祿自然就會有了。」如果再說得直接乾脆一點，就可以總結為：要想升官，就要記住晚說、少說，想清楚了再做。這是符合智豬賽局中的「後發策略」的。你先說了，說多了，先做了，未經考慮就做了，往往給了對手觀察你的機會，他就根據你所採取的策略來制定自己的策略，而你卻無法得知他將採取什麼行動，這無疑讓對手大占便宜。

◆

智豬賽局啟示

先出招固然有時可以搶占先機，但對於弱勢一方，後出招反而會取得出人意料的勝利，這也是為什麼足球比賽中相對較弱的一方會採取「防守反擊」的原因之所在。當然，在實際的博弈中，形勢千變萬化，對於先發還是後發，只能由博弈高手「運用之妙，存乎一心」了。

第八章

混合策略 —— 迷惑對手的心理博弈策略

A、B 兩個遊戲者各拿出一枚 1 元的硬幣放在桌子上,當兩枚硬幣都是正面或反面朝上時,A 勝,他可以拿回自己的硬幣並贏走 B 的硬幣;如果兩枚硬幣一正一反時,B 勝,他可以拿回自己的硬幣並贏走 A 的硬幣。在這場博弈中,每個人的勝向取決於對方的硬幣是正還是反,但每個參與者都無法確知對方的硬幣將是哪一面朝上,因此進行這場博弈的最佳方法就是隨機出正面和反面,機率各為 50%,這就叫做混合策略。

警察與小偷的博弈

　　某個小鎮上只有一名警察，他負責整個鎮子的治安。現在我們假定，小鎮的一頭有一家酒館，另一頭有一家銀行。再假定該地只有一個小偷。因為分身乏術，警察一次只能在一個地方巡邏；而小偷也只能去一個地方。若警察選擇了小偷行竊的地方巡邏，就能把小偷抓住；而如果小偷選擇了沒有警察巡邏的地方行竊，就能夠偷竊成功。假定銀行需要保護的財產價格為 2 萬元，酒館的財產價格為 1 萬元。警察怎麼巡邏最好？

　　經由分析，我們會發現這樣一種情形：警察巡邏某地，行竊者在該地無法實施行竊，假定此時小偷的得益為 0（沒有收益），此時警察的得益為 3（保住 3 萬元）。一般情況下人們會認為：警察當然應該在銀行巡邏，因為到銀行巡邏可以保住 2 萬元的財產，而到酒館則只能保住 1 萬元的財產。實際上這種做法並非總是那麼好的，因為如果小偷也這麼想，那麼他去酒館行竊則會順利得手。

　　那麼警察到底是應該去銀行巡邏，還是應該去酒館巡邏呢？賽局理論告訴我們：警察最好的做法是，用擲骰子的方

法決定去銀行還是去酒館。假定警察規定擲到 1 至 4 點去銀行，擲到 5、6 兩點去酒館，那麼警察就有 2/3 的機會去銀行巡邏，1/3 的機會去酒館巡邏。

我們再來看小偷的最優選擇，居然也是同樣以擲骰子的辦法決定去銀行還是去酒館行竊，只是擲到 1 至 4 點去酒館，擲到 5、6 兩點去銀行，那麼，小偷有 1/3 的機會去銀行，2/3 的機會去酒館。此時警察與小偷所採取的策略，便是賽局理論中所說的混合策略。所謂混合策略，是指參與者在各種備選策略中採取隨機方式選取並且可以改變，而使之滿足一定機率的策略。

我們藉由觀察類似警察與小偷博弈可以發現，並非所有的博弈都有優勢策略或劣勢策略，而大家經常面臨的，恰恰是混合策略。而解決混合策略問題的最好方法就是：不用刻意去想應該怎樣解決問題。就像小孩子玩「剪刀、石頭、布」的遊戲一樣，石頭可以擊破剪刀，剪刀可以剪布，而布又可以包起石頭。你不會知道對手會出什麼，無論你怎麼想，都不會得到一個最佳策略。這種遊戲中，最好的方法也許就是根本不要去想下次該出什麼，想到什麼就出什麼好了，或者根本不用想，出什麼就是什麼好了。

此外，可以嘗試利用規律迷惑對方，造成對手的判斷出現失誤。如果再用賽局理論的觀點來分析，很多情況下我們

不應該將不可預測性等同為輸贏機會相等，而是應該透過有計畫地偏向一邊而完善自己的策略，只不過這樣做的時候要想辦法不讓對方預見得到。劉邦當初屢屢制服韓信，使用的就是聲東擊西之計，劉邦的行為原則就是欺騙性。

有一次，韓信、張耳在剛打下趙國時，劉邦卻被項羽打得大敗，只好投奔韓信那裡暫避。此時，劉邦也很想徵調韓信的軍隊，可是他又擔心韓信會不答應，因為當時韓信雖然名義上是劉邦的下屬，可是他的實力已經很強了。思前想後，劉邦便決定給韓信、張耳來個突然襲擊。一天清晨，劉邦突然自稱漢使，闖入了韓信、張耳的營壘，這個時候韓信、張耳都還沒有起床，於是劉邦直入他們的臥室，就把象徵著軍權的軍符印信給搶走了。最後，當韓信、張耳明白過來時，劉邦已經是大權在手了，韓信、張耳只得就範，一個被安排去打齊國，一個被安排去趙國坐鎮。

先前，劉邦人在成皋這個地方，離韓信的軍營尚遠，此為聲東；他清晨驟至，還詐稱漢使，這又是一招聲東；而他搶奪印信，掌握了軍事指揮權，這就是擊西。劉邦步步都具有迷惑性，而且他又乾脆果斷，所以才取得了勝利。

◆
混合策略啟示

在博弈（戰爭）開始後，摸不清對方的行動規律並不可怕，你可以做出周全的防備；但是，如果對方的規律出乎意料地明顯起來，進攻勢頭、方向非常明確，那麼此時你就要加以小心了，因為對方可能正在引誘你走向一個危險的陷阱。

規律中隱藏著陷阱

《三國演義》第七十二回「諸葛亮智取漢中，曹阿瞞兵退斜谷」中，曹操親率大軍與劉備爭奪漢中。兩軍隔漢水相峙。書中寫道：

操大怒，親統大軍來奪漢水寨柵。趙雲恐孤軍難立，遂退於漢水之西。兩軍隔水相拒，玄德與孔明來觀形勢。孔明見漢水上流頭，有一帶土山，可伏千餘人，乃回到營中，喚趙雲分付（吩咐）：「汝可引五百人，皆帶鼓角，伏於土山之下；或半夜，或黃昏，只聽我營中砲響：砲響一番，擂鼓一番。只不要出戰。」子龍受計去了。孔明卻在高山上暗窺。次日，曹兵到來搦戰，蜀營中一人不出，弓弩亦都不發。曹兵自回。當夜更深，孔明見曹營燈火方息，軍士歇定，遂放號砲。子龍聽得，令鼓角齊鳴。曹兵驚慌，只疑劫寨。及至出營，不見一軍。方才回營欲歇，號砲又響，鼓角又鳴，吶喊震地，山谷應聲。曹兵徹夜不安。一連三夜，如此驚疑，操心怯，拔寨退三十里，就空闊處紮營。

兩軍對壘，曹操於深夜聽到趙子龍鼓角齊鳴，於是下令三軍嚴陣以待，這種做法無疑是正確的，因為一旦蜀軍真的

劫營，曹操必定損失慘重。可是後來他發現上了當，蜀軍
「乾打雷，不下雨」，並未真的出兵劫營。有意思的是，只要
曹操軍營「兵士歇定」，諸葛亮就放砲，趙雲就鼓角齊鳴，
而曹操就不得不又嚴陣以待。

　　的確，面對諸葛亮與趙雲的騷擾，嚴陣以待是曹操所能選
擇的最佳策略。因為蜀軍鼓角齊鳴之際，就意味著可能會發起
進攻（也可能不進攻），無論蜀軍是否真的進攻，曹軍只能嚴
陣以待。因為這樣無非「折磨人」一些，但總比蜀軍真的殺
到，曹軍卻毫無準備強。結果是曹操不堪其擾，下令撤軍三十
里。從賽局理論上來講，曹操選擇後撤是明智的，雖然後來他
還是中了諸葛亮之計而兵敗，但那已是另一場博弈了。

　　我們再看一個採用相反策略的例子，這個例子出自《神
鵰俠侶》，講述的是楊過與蒙古王子霍都比武的情形：

　　忽見楊過鐵劍一擺，叫道：「小心！我要放暗器了！」
霍都曾用扇中毒釘傷了朱子柳，聽他如此說，知道他的鐵劍
就如自己摺扇一般，也是藏有暗器，無怪他不用利劍而用鏽
劍，自己既以此手段行險取勝，想來對方亦能學樣，見楊過
鐵劍對準自己面門指來，急忙向左躍開。卻見楊過左手劍訣
引著鐵劍刺到，哪有什麼暗器？

　　霍都知道上當，罵了聲：「小畜生！」楊過問道：「小
畜生罵誰？」霍都不再回答，催動掌力。楊過左手一提，叫

道：「暗器來了！」霍都忙向右避，對方一劍恰好從右邊疾刺而至，急忙縮身擺腰，劍鋒從右肋旁掠過，相距不過寸許，這一劍凶險之極，疾刺不中，群雄都叫：「可惜！」蒙古眾武士卻都暗呼：「慚愧！」

霍都雖然死裡逃生，也嚇得背生冷汗，但見楊過左手又是一提，叫道：「暗器！」便再也不去理他，自行揮掌迎擊，果然對方又是行詐。楊過一劍刺空，縱前撲出，左手第四次提起，大叫：「暗器！」霍都罵道：「小……」第二個字尚未出口，驀地眼前金光閃動，這一下相距既近，又是在對方數次行詐之後毫沒防備，急忙踢身躍起，只覺腿上微微刺痛，已中了幾枚極細微的暗器。

上文中，霍都之所以中了楊過之計，就是因為在楊過幾次欺騙後放鬆了警惕。其實每次霍都正確的策略應該是無論楊過是否放暗器，他都要時刻防備暗器，只有這樣才能保證不被暗器傷到。

這個故事給我們的啟示就是，博弈中取勝的基本思路是要考慮對手的思路，且必須考慮到對手也在猜測你，無時不在尋找你的行動規律，以便有的放矢地戰勝你。但是你也可以利用「規律」迷惑對手，在看似有規律的行動中，突然又「不規律」起來，這時對手往往就會手忙腳亂，從而使你在博弈中獲勝。

　　《孫子兵法》中所說的「凡戰者，以正合，以奇勝。故善出奇者，無窮如天地，不竭如江海……戰勢不過奇正，奇正之變，不可勝窮也」正是這個意思。而對於自己而言，穩健是博弈的要務，想贏別人一定要先把贏的每一個環節都考慮周到，不能讓對手發現任何規律，否則，想贏別人的時候往往也正是你的弱點暴露得最明顯的時候。如果沒有真正了解對手的策略就倉促出手，對手就可能趁機抓住你的弱點，你可能反倒輸了。

◆

混合策略啟示

　　在博弈開始後你摸不清對方的規律並不可怕，但是如果對方的規律明顯得出乎意料，那麼你一定要格外警惕，因為這可能是對方為你設定的一個陷阱。而在日常生活中給我們的一個啟示就是，如果一件事情聽起來對你太有利了，幾乎好處全在你這一邊，你就要仔細地考察它的真實性了。

脫穎而出的永遠是少數

　　唐貞觀十九年（西元 645 年），唐太宗李世民由洛陽出發，親征高麗。高麗不甘示弱，派大將高延壽和高惠真率 15 萬大軍前來迎戰。唐太宗選了一個高坡觀戰。當時戰場上陰雲四起，雷電交加。雙方剛一交手，唐軍中就有一身穿耀眼白袍的小將，手中握戟，腰挎大弓，大吼一聲衝入敵陣。敵將驚慌失措，還沒來得及分兵迎戰，陣形已被衝散，士卒四散奔逃。唐軍在那員小將的率領下掩殺過去，高麗軍大敗。

　　戰事剛一結束，唐太宗馬上到軍中詢問：「剛才衝在最前面的那個身穿白袍的將軍是誰？」有人回答：「是薛仁貴。」

　　唐太宗專門召見了薛仁貴，對他大加讚賞，還賞了他兩匹馬、40 匹絹，並加封他為右領軍中郎將，負責守衛長安太極宮北面正門玄武門。此後，薛仁貴多次率兵南征北戰，立下了「三箭定天山」的功勞，官至右威衛大將軍、平陽郡公兼任安東都護。

　　薛仁貴的白袍策略在博弈上稱為「少數派策略」。在生活中，不難發現，那些與眾不同的少數者往往更有好運氣。

其實，不是他們的能力比我們強多少，只是他們更善於運用「少數派策略」。一件顯眼的衣服，一句驚人的話，一個特別的舉動，就能把自己的優點勾勒出來。而有的人則唯恐別人發現自己，坐在角落裡，站在人堆裡，不言不語，然後回家再抱怨自己為何不走運。不主動把握機會，它怎麼會忍心叫醒沉睡的你呢？

美國鋼鐵大王卡內基（Andrew Carnegie）小時候就曾受過一次深刻的「少數派策略」的教育。有一天，卡內基放學回家的時候經過一個工地，看到一個像老闆的人正在那邊指揮一群工人蓋一幢摩天大樓。卡內基走上前問道：「我以後怎樣能成為像您這樣的人呢？」老闆鄭重地回答：「第一，勤奮當然不可少；第二，你一定要買一件紅衣服穿上！」「買件紅衣服？這與成功有關嗎？難道紅衣服可以帶給人好運？」「是的，紅衣服有時的確能給你帶來好運。」老闆指著那一群工作的工人說，「你看他們每個人都穿著藍色的衣服，我幾乎看不出有什麼區別。」說完，他又指著旁邊一個工人說：「你看那個工人，他穿了一件紅衣服，就因為他穿得和別人不同，所以我注意到了他，並且經由觀察而發現了他的才能，正準備讓他擔任小組長。」

在現實生活中，資源是有限的，這就決定了只有少數人能享受到多數的資源。為此，能夠採取「萬綠叢中一點紅」

的策略的人，無疑是極其明智的。雖然他不一定懂得這其中的賽局理論原理，但是只要悟透了其中的智慧，你一樣會在人生的博弈中成為脫穎而出的勝利者。

混合策略啟示

　　同樣一件事，有的人能夠想到別人所想不到的，結果就取得了成功。大多數人之所以沒有能夠取得成功，並不是因為他們沒有能力，而是因為他們根本沒有動腦思考，根本沒有去想別人所想不到的事情。成功總是屬於那些有思想、有遠見的人，總是屬於那些能夠想別人所不敢想的人。那些目光短淺的人，永遠都不可能取得成功。

少數派策略就是逆向思維

明代小說家馮夢龍的《智囊‧上智部》中講了這樣一個故事：張忠定知崇陽縣，民以茶為業。公曰：「茶利厚，官將榷之，不若早自異也。」命拔茶而植桑，民以為苦。其後榷茶，他縣皆失業，而崇陽之桑皆已成，為絹歲百萬匹。民思公之惠，立廟報之。

上文所說的「張忠定」是北宋名臣張詠，曾在宋太宗、宋真宗兩朝當過大官。張詠在崇陽縣當知縣的時候，當地百姓以種茶為業。張詠到任之後卻釋出了一道很「害民」的命令：把茶樹全部拔去，改種桑種。張詠的解釋是種茶利潤太高了，政府一定會轉為官營，所以不如早種桑樹。實施了這項政策，等於一下子斷了百姓的財路，百姓自然怨聲載道。但是沒過多久，政府果然宣布茶葉專營，附近以茶為生的縣，百姓大多失業，而這時崇陽縣的桑樹已經能夠給百姓帶來豐厚的利潤了。百姓們此時才領悟到張詠的一番苦心與先見之明，為張詠立廟來報答他的恩澤。

張詠的做法，為我們提供了一個思路，當千軍萬馬都在奔向「陽關大道」時，陽關大道反而會變得異常擁擠，甚至有

人看到走這條路的人這麼多，會設個收費站收點「買路財」。而這時如果你能另闢蹊徑，未嘗不能比別人更早到達終點。在這裡，捨棄「陽關道」，奔向「獨木橋」，是「少數派策略」的另一種表現形式，也是一種有遠見的博弈行為。

西漢初年，劉邦除掉韓信之後，將他的謀士蒯通也抓了起來，並準備殺了他。行刑之前，劉邦逼蒯通當眾供出自己與韓信謀反的「罪狀」。在這種情況下，蒯通沒有極力為韓信和自己辯護，而是正話反說，一一列出了韓信的十大罪狀。實際上，他說的十條正是韓信為漢朝立下的十大汗馬功勞。

言語一出，許多大臣為之感動落淚。接著他又故意說韓信有三愚：「韓信收燕趙，破三齊，有精兵四十萬，恁時不反，如今乃反，是一愚也；漢王駕出成皋，韓信、在修武，統大將二百餘員、雄兵八十萬，恁時不反，如今乃反，是二愚也；韓信九里山前大會戰，兵權百萬，皆歸掌握，恁時不反，如今乃反，是三愚也。韓信既有『十罪』，又有『三愚』，豈不自取其禍。」最後，這些話贏得了群臣的同情，這讓劉邦也無法下手殺他了。

在危急關頭，蒯通故意說韓信有「十罪三愚」，實際上卻是在反證韓信一貫的忠心耿耿，怎麼可能謀反呢？既然韓信都沒有謀反，他蒯通的共同謀反的罪行不也就不成立了

嗎？可見，這種正話反說的效果比直接鳴冤叫屈要好得多。

人們習慣於沿著事物發展的正方向去思考問題，並尋求解決辦法。其實，對於某些問題，尤其是一些特殊問題，運用逆向思維更容易使問題得到更好的解決，甚至有時可以使別人認為無可挽回的事情「起死回生」。

在一次歐洲籃球錦標賽上，保加利亞隊與捷克斯洛伐克隊相遇。在比賽僅剩下 8 秒鐘時，保加利亞隊領先捷克隊 2 分，可以說是已穩操勝券。但是，當時錦標賽採用的是循環制，保加利亞隊只有在贏球超過 5 分時才能取勝。要用僅僅 8 秒鐘再贏 3 分幾乎是不可能的。這時，保加利亞隊的教練突然請求暫停。

許多人開始嘲笑教練此舉，認為保加利亞隊被淘汰已成定局，教練也已無力回天。暫停結束後，比賽繼續進行。這時球場上出現了意想不到的狀況：保加利亞隊控球隊員突然運球向自家籃下跑去，並迅速起跳投籃入網。這時，全場觀眾目瞪口呆，而比賽時間也正好到了。但是，當裁判員宣布雙方打成平局，需要進行加時賽，這時大家才恍然大悟。保加利亞的這一出人意料之舉，為自己創造了一次起死回生的機會。而加時賽結束時，保加利亞隊果然贏了 6 分，如願以償地出線了。這種不按常理出牌的思維方式正是打破了常規的逆向思維。

　　循規蹈矩的思維和按傳統方式解決問題雖然簡單，但容易使思路僵化、刻板，擺脫不掉習慣的束縛，得到的往往是一些司空見慣的答案。有時遇到非常規性的問題時，常規思維往往會一籌莫展，而如果能夠運用逆向思維，反其道而行之，則會豁然開朗，取得柳暗花明又一村的美妙效果。

◆
混合策略啟示

　　捨棄陽關道，奔向獨木橋，就是因為資源是有限的。事實上，「陽關道」只有一條，而「獨木橋」則往往數不勝數。如果所有人爭奪的焦點都在有限的幾種事物上，那麼每個人都將面臨十分艱難的處境。在人生的博弈中，另闢蹊徑，找到多數人沒有注意到的那座「獨木橋」，一樣可以絕處逢生，甚至比那些走上陽關大道者獲得更高的收益。

犧牲區域性，保全大局

　　一個極度乾旱的季節，非洲草原上許多動物因為缺少水和食物而死去了。生活在這裡的鬣狗和狼也面臨同樣的問題。狼群外出捕獵統一由狼王指揮，而鬣狗卻是一窩蜂地往前衝，鬣狗仗著「狗多勢眾」，常常從獵豹和獅子的嘴裡搶奪食物。而這一次，為了爭奪被獅子吃剩的一頭野牛的殘骸，一群狼和一群鬣狗發生了衝突。儘管鬣狗死傷慘重，但由於數量比狼多得多，很多狼也「壯烈犧牲」了。

　　戰局發展到最後，只剩下一隻被咬傷了後腿的狼王與 5 隻鬣狗對峙。本來力量就懸殊，而那條拖拉在地上的後腿又成了狼王無法擺脫的負擔。面對步步緊逼的鬣狗，狼王突然回頭一口咬斷了自己的傷腿，然後向離自己最近的那隻鬣狗猛撲過去，以迅雷不及掩耳之勢咬斷了它的喉嚨。另外 4 隻鬣狗被狼王的舉動嚇呆了，都站在原地不敢向前，最後終於拖著疲憊的身體一步一搖地離開了怒目而視的狼王。

　　當危險來臨時，狼王能毅然決然咬斷後腿，讓自己毫無拖累地應付強敵，的確值得我們學習。在一場博弈中，如果一方有足夠的魄力可以犧牲區域性的利益來吸取對方的注意

力，那麼這時候他或許就有機可乘了；而且，為了增加成功
的機率，也應該有所犧牲。

再比如另外一種情形，兩軍對峙時敵優我劣或勢均力敵
的情況很多。如果指揮者指導正確，就常可變劣勢為優勢。
「田忌賽馬」的故事為大家所熟知，孫臏在田忌的馬總體上
不如對方的情況下，使他仍以二比一獲勝。但是運用此法也
不可生搬硬套，而應該具體問題具體對待。

在齊魏桂陵之戰中，當時魏軍左軍最強，中軍次之，右
軍最弱。作為齊將的田忌就準備按孫臏賽馬之計如法炮製，
可是這時孫臏卻認為不可。他說，這次作戰不是爭個二勝一
負，而且戰場上的一切相互關聯，我們的目標只能是盡量爭
取大量消滅敵人。於是齊軍便採用下軍對敵人最強的左軍，
以中軍對勢均力敵的中軍，以力量最強的部隊迅速消滅敵人
最弱的右軍。這樣一來，齊軍雖有區域性失利，但敵方左
軍、中軍已被暫時箝制住，右軍又很快敗退。田忌迅即指揮
己方上軍乘勝與中軍合力，力克敵方中軍，得手後又得以三
軍合擊，一起攻破了敵方最強的左軍。如此，齊軍在大局上
形成了優勢，終於取了勝利。

勝者的高明之處，正是會「算帳」，能把自己的利害算
清。古人云：「兩利相權從其重，兩害相衡趨其輕。」也就
是說要以少量的損失換取很大的勝利。

　　總之，不論是在兩軍對峙時，還是在政治舞臺上、商業競爭中，要想獲得全勝往往很難，所以有時就需要付出一定的代價或做出一定的犧牲。盡量犧牲區域性以保全大局，犧牲眼前以希圖長遠，犧牲小的利益以換取更大的利益。

　　很多事情都是如此，常常就是魚與熊掌無法兼得。所以當我們前進一步時，就應該懂得自己必將放棄上一步，否則就無法為繼續前進做好足夠的鋪陳，你執著於眼前這一步，也許人生就會被困鎖在這一步上，永遠無法走得更遠。

◆ 混合策略啟示

　　捨棄不是一味地放棄，而是為了得到更多的東西。不懂得為保全大局而犧牲區域性這個道理的人，只能看到自己走了一段好路，卻不知道如何走好更長遠的道路。我們面對抉擇，必須做出取捨的時候，一定要再三思量、顧全大局，只看重眼前利益就可能會得不償失了。

第九章

協和謬誤 —— 放棄錯誤的博弈策略

　　某件事情在投入了一定成本、進行到一定程度後發現不宜繼續下去，卻苦於各種原因而將錯就錯，欲罷不能，這種狀況在賽局理論上被稱為「協和謬誤」。堅持就是勝利嗎？「不拋棄，不放棄」永遠都正確嗎？花很多錢買了一張票去欣賞音樂會，看了一半發現實在是不好看，你是應該繼續看下去還是應該放棄？懂得了協和謬誤，你對如何解答這些問題將有全新的認識。

堅持錯誤的就注定會失敗

　　春秋初期，楚國日益強盛，於是派出其大將子玉蓄謀攻打晉國。當時，楚國還脅迫陳、蔡、鄭、許四個小國聯合出兵。此時的晉國在晉文公的帶領下剛剛攻下了依附楚國的曹國，他已料定晉楚之間的戰爭不可避免。楚國聯軍浩浩蕩蕩向曹國出發，晉文公聞訊，他很清楚楚強晉弱，如果硬拚會對自己不利。於是他就假意讓人傳話給楚軍主帥子玉：「當年我被迫逃亡時，楚國先君對我以禮相待。所以我曾與他有過約定，將來如我返回晉國，願意兩國修好；如果迫不得已，兩國交兵，我定先退避三舍。現在，子玉伐我，我當兌現諾言，先退三舍（古時一舍為三十里）。」

　　接著晉軍果然撤退了九十里，已到晉國邊界城濮，這裡背靠太行山又毗鄰黃河，足以禦敵；而且晉文公已事先派人往秦國和齊國求助。子玉很快就率部追到了城濮，而晉軍早已嚴陣以待。

　　晉文公探知楚軍分左、中、右三軍，而以右軍最為薄弱。雙方交戰之後，子玉命令左右軍先進，中軍繼之。楚右軍直撲晉軍，晉軍忽然又撤退，他們以為晉軍懼怕，又要逃跑，就一路窮追不捨。這時忽然從晉軍中殺出一支軍隊，駕

軍的馬身上都蒙著老虎皮。而楚軍的戰馬以為是真虎，嚇得掉頭就跑，結果楚右軍大敗。而晉文公派人假扮楚軍，並報捷說：「右師已勝，元帥趕快進兵。」子玉登高一望，見晉軍後方煙塵蔽天（其實這是晉軍故意揚起的塵土），乃大笑道：「晉軍果然不堪一擊。」於是子玉又命令左軍迅速出擊，結果楚左軍又陷於晉國伏擊圈內遭到殲滅。等到子玉所率領的中軍趕到時，晉軍已經集中起全部兵力來對付他。楚軍傷亡慘重，只有子玉帶領少數殘兵得以僥倖突圍。

當發現自己已經不能再將一場博弈進行下去的時候，那麼就要及時回頭以避免更大的損失，也就是不將錯誤進行到底。假如晉軍一開始就採取強硬態度，擺出一副與楚軍決一死戰的架勢，那麼勢必就會引起楚軍的警覺，從而造成不可挽回的損失。

寧肯先讓出一步，堅持「打得贏就打，打不贏就走」的游擊戰，那麼更大的錯誤就可以避免。因為走，所以保存住了實力，贏得了以後獲得勝利的希望。在現實生活中，也有「人挪活，樹挪死」的類似說法，比如轉學或離職，從甲大學、甲公司轉往乙大學、乙公司等。

有一位青年學者，他現在的工作地方是一所以工科聞名的大學，但他的主要研究方向卻是西方哲學，他現在所講授的也是政治理論相關的選修課。因此，該校的西方哲學的相關專業

學術資料嚴重缺乏，尤其是他所研究的課題與他所講授的內容關係不大。而更令他苦惱的是，在這所大學，從教師到學生，由於受專業所限，了解西方哲學的人少之又少，他難以遇到知音、良師益友，在專業方面很難得到長足的進步和發展。

還有一位前段大學的大學畢業生，他到新的公司工作不久，就因小事和上司吵了一架。原因是那上司氣量小，有時也是故意找他的碴，而他也有當眾挑上司錯誤的毛病。他自以為專業知識充足，公司少了他不行，縱然我行我素，上司也奈何不了他。就這樣，他們爭鋒相對了很長一段時間，他和上司的關係越來越僵。最後，誰知手臂扭不過大腿，職務晉升、加薪等「大事」都與他無緣。他的情緒也越來越差，就這樣年復一年地打起了「持久戰」。結果他把寶貴的時間、充沛的精力，都消耗在這種無謂的爭吵之中。

很顯然，能夠審時度勢、及時改正錯誤的人才是強者，只知固守一城一池、不想改變自己的人，注定一事無成。

協和謬誤啟示

生活中關於堅持與放棄的選擇讓人眼花撩亂，其實，並沒有哪一個「公式」可以告訴你，什麼時候確定無疑該選擇堅持或選擇放棄。但是在選擇的過程中，有意識地考慮一下有關「協和謬誤」的知識，肯定會讓你的選擇多一分理智。

「不拋棄，不放棄」
在什麼情況下才有意義

　　看過戰爭相關的影視作品的觀眾，相信都會對不少部隊的生存邏輯──拋棄，不放棄。這六個字感動了無數觀眾，也激勵了無數人。但是如果從賽局理論的觀點來分析，「不拋棄，不放棄」則不見得總是正確的。

　　我們通常都有等公車的經歷──當你等了五分鐘的時候，如果公車沒來，你可能會想，再等一下子公車就來了；再等了五分鐘如果公車還是沒來，這時你可能會有些動搖：該不該叫個計程車呢？還是不叫吧，已經等了十分鐘了，說不定下一分鐘公車就開來了；又等五分鐘如果公車還是沒來，你可能會開始頻頻看錶，而且多少有些怒氣；如果再等五分鐘公車還是不來，十有八九你會選擇叫計程車或改變乘車路線。

　　這就是現實生活中關於堅持與放棄選擇的難題。有時候，真的不知道自己是該堅持還是該放棄。比如上述等公車的例子，如果你等了五分鐘就不再堅持而是改變路線或叫計

程車，那麼相對於等了半小時後再改變路線或叫計程車而言是明智的，因為你節省了時間；可是如果你沒有什麼特別重要的事而選擇繼續等下去，幾分鐘後公車來了，那麼相較於你沒有堅持到底而改變策略的行為，也是明智的。

之所以會出現以上的悖論，其實是由於「沉沒成本」在影響著我們決策。「沉沒成本」是指為完成某個計畫（活動、專案）已經發生、不可收回的支出，如時間、金錢、精力等。比如我們在選擇叫計程車還是繼續等下去的時候，把已經過去的時間計算在內了。

從理性的角度講，「沉沒成本」不應該影響我們的決策，然而，我們常常由於想挽回或避免「沉沒成本」而做出很多不理性的行為，從而陷入欲罷不能的泥潭，而且越陷越深。比如一個人一旦染上了賭博的惡習就很難自拔，贏了還想贏，輸了還想贏回來。賭局中人的期望利用賭博的規則，做出最佳決策，也就是通過規則引導自身所得的增加。但不是每個人都能在賭局中獲得令自己滿意的收穫，輸了怎麼辦？因此賭徒有自己的一套理論，被稱為「賭徒謬誤」，其特點在於始終相信自己的預期目標會到來，就像在押輪盤賭時，每局出現紅或黑的機率都是 50%，可是賭徒卻認為，假如他押紅，黑色若連續出現幾次，下回紅色出現的機率就會增加，如果這次還不是，那麼下次更加肯定，這是典型的不合

數理原則，實際上每次的機會永遠都是 50%。當他的期望沒實現，他就會越戰越勇，加倍下注，一直增加籌碼，希望能一舉贖回損失並加倍盈利，結果卻往往是在錯誤的泥淖裡陷得更深，直至萬劫不復。所以佛家常說「苦海無邊，回頭是岸」，這裡奉勸世人的「回頭」，實際上就是讓人拋棄已經付出的「沉沒成本」，不要將錯誤堅持到底。

有些事情的選擇與堅持，有道德和法律標準可以幫助解決，比如上文中說的賭博，或者為非作歹，終將受到良心的譴責和法律的制裁。而對於有些事情，是堅持還是放棄則沒有一定的是非標準可以衡量，比如本文開頭時提到的等公車。對於這類「賽局」，我們在做決策時應該如何考慮已經投入的成本呢？

我們通常都是根據投入的程度與成功的希望來進行選擇。比如，有一科考試，如果花 30 天複習就能及格，而你已經複習了 29 天，這時如果有朋友邀請你出去玩，那麼你可能會想：「如果我去玩，就會不及格，可是如果我再複習一天，就會及格，所以我應該繼續複習。」

這時你已經花費的 29 天就是「沉沒成本」，因為無論你選擇去玩還是繼續複習，這些時間都已經花費了。可是，這29 天的存在決定了最後一天的價值，也就是說，如果你完全沒有複習，那麼你無疑會選擇出去與朋友一起玩，因為「無

論我這一天是不是複習，我都不會及格」。也就是說，如果你已經投入了過多的成本，而成功的目標已近在咫尺甚至觸手可及時，選擇堅持無疑是更為明智的。

協和謬誤啟示

當我們進行了一項不理性的活動後，應該忘記已經發生的行為和已經支付的成本，只要考慮這項活動之後需要耗費的精力和能夠帶來的好處，再綜合評定它能否給自己帶來正效用。比如進行投資時，把目光投向遠方，審時度勢，如果發現這項投資並不能營利，應該及早停止，不要惋惜已投入的各項成本：精力、時間、金錢……

「跳槽」有風險，跳前需謹慎

　　西元前 203 年，正值楚漢爭奪天下的關鍵時刻，漢王劉邦一方的大將韓信一舉擊敗了西楚霸王項羽一方的大將龍且，項羽震恐，派說客武涉勸說韓信反叛劉邦。武涉到了韓信軍中這樣勸誘韓信：「當今楚王與漢王爭奪天下，舉足輕重的就是你。你倒向漢王，漢王就會勝；你倒向項王，項王就會勝。項王今天滅亡，漢王明天就會收拾你。你與項王過去有交情，現在為什麼不反叛漢王與楚講和，三分天下而稱王呢？」韓信辭謝道：「我過去事奉項王，任官不過是郎中，職位也不過是守衛而已；項王對我言不聽計不從，我不得已才投奔漢王。漢王授予我上將軍印，給我幾萬軍隊，把衣服脫下來給我穿，把好飯讓給我吃，對我言聽計從，我才能有今天的地位。漢王如此信任我，我就是死也不會背叛漢王，請向項王轉達我的歉意。」

　　我們可以看出，韓信之所以不肯「跳槽」，固然是因為漢王劉邦待他好，但是現在的身分與地位也是不可忽視的因素。也就是說，相比較而言，他更相信幫助劉邦會有利於鞏固現在的身分與地位，而幫助項羽，日後的結局很難預

測 —— 畢竟他曾背叛過項羽，而且項羽的賞罰不公已是天下皆知。用經濟學來分析，在漢王陣營取得的戰功、地位以及漢王對他的尊崇程度，是韓信在做決策時不得不考慮的，一旦拋棄了這些，那麼以前所取得的一切，都成了沒有意義的「沉沒成本」，意味著他又將從零開始。

在職場中，每個人都知道「此處不留人，自有留人處」這個道理，跳槽已成為一件很平常的事，但並非在任何時候都是一件益事。當情況於己不利時，跳槽就會變成一種風險。

既然有時跳槽會是一種風險，我們又如何判斷它是一種風險呢？我們可以透過運用博弈的原理，判斷對自己是否有利。

假設員工 M 在 A 公司從事 K 職位的工作，人力資源價值是 x 元／月，出於種種原因，M 有跳槽的意向。他在人力銀行上投遞了若干份履歷後，B 公司表示願以 y 元／月的薪酬聘任 M 從事與 A 公司 K 職位類似的工作（y＞x）。這時，A 公司面臨兩種選擇：第一，預設 M 的跳槽行為，以 p 元／月的薪酬聘任 N 從事 K 職位的工作（y＞p）；第二，拒絕 M 的跳槽行為，將 M 的薪酬提升到 q 元／月，當然 q 一定要大於或等於 y 元，M 才不會跳槽。

當 M 有跳槽的想法時，A 公司和 M 之間的資訊就不對

等了。很明顯，M 占有更充分的資訊，因為 A 公司不知道 B 願給 M 支付多少薪酬。當員工 M 提出辭呈時，A 公司會首先考慮到 M 所處職位的可替代性，如果 M 不具有可替代性，那麼 A 公司就會以提高薪酬的方式留住 M，M 與 A 經過討價還價後，A 公司會將 M 的薪酬提升到大於或等於 y 元／月的水平。如果 M 具有可替代性，那麼 A 公司就會預設 M 的跳槽行為。

其實，每個公司都會針對員工的跳槽申請做出兩種選擇：默許或挽留；相對來說，員工也會做出兩種選擇：跳槽或留任。實際上，在對待跳槽問題上，公司和員工都會基於自身的利益討價還價，最後做出對自己有利的選擇。實質上這一過程是公司和員工的博弈，無論員工最後是否會跳槽都是這一博弈的納許均衡。

以上只是基於資訊經濟學角度的理論分析。實際上，當存在應徵成本時，即便員工具有可替代性，公司也會在事前或事後採用非提薪的手段阻止員工跳槽。

另外，對於員工來說，跳槽也存在擇業成本和風險。新公司是否有發展前景，到新公司後有沒有足夠的發展空間，新公司的環境及人際關係如何，等等，員工必須考慮到這些因素。這只是員工一次跳槽的博弈，從一生來看，一個人要換多家公司。將一個員工一生中多次分散的跳槽博弈組合在

一起，就構成了多階段、持續地跳槽博弈。

正所謂行動可以傳遞訊息。實際上，員工每跳一次槽就會為下一個僱主提供了自己正面或負面的訊息，比如：跳槽過於頻繁的員工會讓人覺得不夠忠誠；以往職位一路提升的員工會給人有發展潛力的感覺；長期徘徊於小公司的員工會讓人覺得缺乏魄力。員工以往跳槽行為為新僱主提供的資訊對員工自身的影響，最終將透過單位對其人力資源價值的估算表現出來。但相對於正面訊息來說，會讓新公司在原基礎上給員工支付更高的薪酬。

從短期看，通常員工跳槽都以新公司承認其更高的人力資源價值為理由；從長期看，員工跳槽前的一段時間會影響未來僱主對其人力資源價值的評估。這種影響既可能對員工有利，也有可能對員工不利。換句話說，員工在選擇跳槽時，也等於在為自己的短期利益與長期利益做選擇。

◆

協和謬誤啟示

跳槽有風險，只有當跳槽的機會成本大於跳槽的「沉沒成本」時，選擇跳槽才有意義。如果一個人心已不在就職的公司上，那麼他或多或少都會在工作中表現出來。但不要總以為自己才是最聰明的，也不要總想著跳槽。需要時刻記住的是：無論如何取捨，不會有人為你的失誤買單。

認賠服輸也是一種智慧

一位老太太的獨生子死了，雖然已埋葬多日，但是她仍然整日以淚洗面，悲傷地哭訴：「兒子是我唯一的寄託，唯一的依靠。他離我而去，我再活下去還有什麼意思，不如跟他一起死吧！」她心裡這樣想著，連續四五天待在墓地旁，不思飲食。

釋尊和尚聽說了這件事，帶著弟子趕到墓地。老太太看見釋尊，忙向前施禮。釋尊問道：「老人家，你在這裡做什麼呢？」老太太傷心地說：「兒子棄我而去，但是，我對他的愛卻愈來愈熾烈，我想跟他一起離開人世算了。」

釋尊說：「寧願自己死去，也要讓兒子活著，你是這樣想的嗎？」老太太聞言滿懷希望地問道：「高僧啊，您認為能做得到嗎？」釋尊靜靜地回答：「你幫我拿火來，我就運用法力，讓你的兒子復活。不過，這個火必須來自未曾死過人的家庭，否則，我作了法也沒有效果。」

老太太連忙去找火，她站在街頭，逢人就問：「府上曾經死過人嗎？」大家回答她：「自古以來，哪有不曾死過人的家庭呢？」老太太需要的火始終沒有找到，只好失望地回

到釋尊的面前說：「我出去找火了，就是找不到沒有死過人的家庭。」

釋尊這才說道：「自從開天闢地以來，沒有不死的人。死去的人已經死了，可是活著的人仍然要好好地活下去。而你卻不想面對這個現實，難道不是執迷不悟嗎？」老太太如夢初醒，不再想尋死。

「沉沒成本」對決策產生如此重大的影響，以至於很多英明的決策者都無法自拔。很多時候，他們開始做一件事，做到一半的時候發現並不值得，或者會付出比預想的多得多的代價，或者有更好的選擇。但此時付出的成本已經很大，思前想後，只能將錯就錯地做下去。但實際上，有時做下去會帶來更大的損失。

在戀愛和婚姻中亦如此，失去一個人的感情，明知一切已無法挽回，卻還是那麼執著，而且一執著就是好幾年，還要死纏爛打。其實這樣一點用也沒有，且損失更多。

在任何時候，要不要對一項活動繼續投入，關鍵是看它的發展前景和未來的發展。至於過去為它花了多少「沉沒成本」，應該盡量排除在當下的考慮範圍之外。只有這樣，才能盡量抑制和消除「沉沒成本」對決策的破壞性影響。

那麼，我們怎麼才能擺脫「沉沒成本」的羈絆呢？一是在做出一項事業之前的決策要慎重，要在掌握了足夠訊息的

情況下，對可能的收益與損失進行全面的評估；二是一旦形成了「沉沒成本」，就必須要承認現實，認賠服輸，避免造成更大的損失。

在很多情況下，我們就像伊索寓言裡的那隻狐狸，想盡了辦法，費盡了周折，但最終無法吃到那串葡萄。這時，即使坐在葡萄架下哭上一天，暴跳如雷也無濟於事，反而不如用一句「這串葡萄一定是酸的，讓饞嘴的麻雀去吃吧」來安慰自己，求得心理上的平衡。這種調整期望的落差，轉而接受檸檬雖酸卻也別有滋味的事實，反而不至於傷害了自尊與自信。

因此可以說，「酸葡萄心理」不失為一種讓我們擺脫「沉沒成本」的困擾、接受現實的好方法，而且可以消除緊張、生氣等負面情緒，減少因產生攻擊性衝動和攻擊行為而造成更大的損失和浪費。從這個意義上看，它又不失為一種管理人生的方法。

◆ 協和謬誤啟示

對「沉沒成本」過於眷戀，就會繼續原來的錯誤，造成更大的虧損。而人生最大的效率其實在於：有勇氣來改變可以改變的事情，有度量接受不可改變的事情，有智慧來分辨兩者的不同。

與其悔恨，不如悔改

　　南朝人劉義慶所撰的《世說新語·自新》講了一個有關改過自新的故事：晉朝人周處年輕時，蠻橫強悍，任俠使氣，是當地一大禍害。義興的河中有條蛟龍，山上有隻白額虎，一起禍害百姓。義興的百姓稱之為三大禍害，三害當中周處最為厲害。有人勸說周處去殺死猛虎和蛟龍，實際上是希望三個禍害相互拚殺。周處立即殺死了老虎，又下河斬殺蛟龍。蛟龍在水裡有時浮起，有時沉沒，漂游了幾十里遠，周處始終在和蛟龍搏鬥。

　　經過了三天三夜，當地的百姓們都認為周處已經死了，紛紛表示慶賀。結果周處殺死了蛟龍，從水中出來了。他聽說鄉里人以為自己已死而對此慶賀的事情，才知道大家實際上也把自己當作一大禍害，因此，對自己過去的行為十分悔恨。於是周處便到吳郡找陸機和陸雲兩位有修養的名人。當時陸機不在，只見到了陸雲，他就把全部情況告訴了陸雲，並說：「我想要改正錯誤，可是歲月已經荒廢了，怕最終沒有什麼成就。」陸雲說：「古人珍視道義，認為『哪怕是早

晨明白了道理，晚上就死去也甘心』（朝聞道，夕死可矣），況且你還是有希望的。再說人就怕立不下志向，只要能立志，又何必擔憂好名聲不能傳揚呢？」周處聽後從此改過自新，終於成為一名忠臣。

周處一開始悔恨自己以往的行為，後來經陸雲提點，勇敢地拿出行動悔改，最終成為一位令人敬仰的人。可見，悔改要比悔恨強得多。

某商學院為了培養出頂尖的商界菁英，老師會盡量訓練學生們的決策能力，讓他們在多項選擇中做出最明智的決策。但是，當學生做出了錯誤的選擇時，老師並不會讓他們過多地去計算決策所造成的損失，而是在總結教訓後，及時引導他們走出失敗，再次參與決策過程。而老師這樣做的原因很簡單：與其後悔，不如著手彌補。

當你因為一些錯誤的抉擇而陷入後悔中時，你最應該避免的是那種「如果不做就好了」的想法。要知道，沒有做往往會比做了但錯了更令人後悔。你應該明白的是，在一段時間內，這種後悔所帶來的痛苦將會持續困擾你，同時，你也應意識到，如何挽救錯誤、避免類似錯誤，是你日後減少此類後悔情緒的關鍵。

有個女孩喜歡一件衣服，便纏著母親為自己買。起初母

親不肯，但她執意要，且哭鬧不止。母親無奈，拉著女孩上了街。當穿著新衣服的女孩高高興興地跟在母親身後往回走時，突然感到母親推了她一把，然後就失去了知覺。醒來後才知道，母親為了救她而喪生在車輪下。從此，女孩開始了悔恨的日子：如果那天不是自己纏著母親去買衣服，結局肯定是另一種。是自己害了媽媽，同時也害了爸爸，把本來美滿幸福的家庭破壞了。就這樣，女孩在悔恨中失去了很多東西：求學的機會、與同學的交往、與家人輕鬆愉悅的溝通，甚至還有對生命的感悟……

母親的去世已是無法改變的事實，也是我們前面介紹過的「沉沒成本」。女孩的自責非但不會減輕父親的傷痛，反而還會使他更加鬱鬱寡歡。正如杜甫在詩中所說「存者且偷生，死者長已矣」，我們現在人說「不能讓活著的人總是為死去了的人傷痛」，其實都是勸人放棄沉沒成本。

悔恨本身帶來的痛苦遠比錯誤事件引發的損失更為嚴重。悔恨往往發生於做錯事情以後，由於無法放下過往的錯誤，人們會產生過度的自責、不安，並會讓自己陷入痛苦之中。若無法及時從後悔事件中走出來，便會在痛苦中陷入惡性的情緒循環。所以，一旦做了錯事，不要把時間浪費在悔恨上，趕快著手悔改吧！

協和謬誤啟示

很多時候，事過之後，人們回想起前因後果，並將主要原因歸咎於己時，自責及由此引發的內疚感和罪惡感的出現都是自然的。但如果超出了反省的限度，躲在悔恨中不努力做事，不積極生活，這種做法如果以沉沒成本的理論來分析，則是無比愚蠢的。當一個人遭遇了上述情形，最理智的做法應該是放下以往的包袱，吸取以往的教訓，以積極的心態樂觀地去生活。

第十章

蜈蚣賽局 —— 預知結果反向推理的博弈策略

蜈蚣賽局是以最終給定的結果向前推理，一直推到目前所能採取的最佳策略。但它有一個個人利益和集體利益相衝突的致命悖論 —— 最後一次的背叛收益始終優於合作，以此向前推理會得出結論，人們將從一開始就拒絕合作。因此，蜈蚣賽局被認為是揭示納許均衡分析的某些深刻的內在衝突和弱點的最好範例。

倒推法的邏輯悖論

　　一個人打算向鄰居借斧頭，但又擔心鄰居不肯借給他，於是他在前往鄰居家的路上不斷胡思亂想：「如果他說自己正在用怎麼辦？」、「要是他說找不到怎麼辦？」想到這些，這個人自然對鄰居產生了不滿：「鄰里之間應該和睦相處，他為什麼不肯借給我？」、「假如他向我借東西，我一定會很高興地借給他。」、「可是他不肯借斧頭給我，我對他也不應該太客氣。」……

　　這個人一路上越想越生氣，於是等到敲開鄰居的門後，他沒有說「請把你的斧頭借給我用一下吧」，卻張嘴說道：「留著你的破斧頭吧，我才不稀罕你的東西！」

　　從上面這個笑話中，可以想像一些喜歡以己度人者在生活中遇到的尷尬。但是笑過之後，我們卻發現，這個借斧頭的人所運用的思維方法，居然有著倒推法的影子。難道倒推法真的有什麼問題嗎？答案是肯定的，這種悖論在賽局理論中被稱為「蜈蚣賽局悖論」。很多學者已經用科學的方法推匯出：倒推法是分析完全且完美資訊下的動態博弈的有用工具，也符合人們的直覺，但是在某種情況下卻存在無法解釋的缺陷。

如下面這場博弈。兩個博弈方 A、B 輪流進行策略選擇，可供選擇的策略有「合作」和「不合作」兩種。規則是：A、B 兩次決策為一組，第一次若 A 決策結束，A、B 都得 n，第二次若 B 決策結束，A 得 n－1 而 B 得 n＋2；下一輪則從 A、B 都要從 n＋1 開始。假定 A 先選，然後是 B，接著是 A，如此交替進行。A、B 之間的博弈次數為一有限次，比如 198 次。

由於這個博弈的擴展形很像一條蜈蚣，因此被稱為「蜈蚣賽局」。現在的問題是：A、B 是如何進行策略選擇的？我們用一對情侶之間的愛情博弈來說明。

愛情就其本質來說是一種交往，人交往的目的在於個人效用最大化，不管這個效用是金錢，還是愉快、幸福的感覺，只要追求個人效用，就必定存在利益博弈。因而，愛情交往是一個典型的雙人動態博弈過程，不過愛情的效用隨著交往程度的加深和時間的推移有上升趨勢。

假定小麗（女）和小冬（男）是這場蜈蚣賽局的主角，這場博弈中他們每人都有兩個策略選擇，一是繼續，二是分手。假設愛情每繼續一次，總效用增加 1，由於男女生理結構和現實因素不同，小麗的分手策略只能使效用在二人之間平分，即兩敗俱傷；小冬選擇分手策略則能占到 3 個便宜。顯然，分手對於被甩的一方來說是一種欺騙行為。

首先，交往初期小麗如果甩了小冬，則兩人各得 1 的收益，小麗如果選擇繼續，則輪到小冬選擇。小冬如果選擇分手，則小麗屬受騙，收益為 0，小冬占了便宜，收益為 3，這樣完成一個階段的博弈。可以看到，每一輪交往之後，雙方了解程度加深，兩人的愛情總效用在不斷增長。這樣一直博弈下去，直到最後兩人都得到 10 的圓滿收益，為大團圓的結局，即總體效益最大。

遺憾的是，這個圓滿結局很難達到。因為蜈蚣賽局的特別之處是：當 A 決策時，他考慮博弈的最後一步即第 100 步；B 在「合作」和「背叛」之間做出選擇時，因「合作」給 B 帶來 100 的收益，而「不合作」帶來 101 的收益，根據理性人的假定，B 會選擇「背叛」。但是，要經過第 99 步才能到第 100 步，在第 99 步，A 的收益是 98，A 考慮到 B 在第 100 步時會選擇「背叛」，那麼在第 99 步時，A 的最佳策略是「背叛」 —— 因為「背叛」的收益 99 大於「合作」的收益 98……按這樣的邏輯推論下去，結論是令人悲傷的：在第 1 步，A 將選擇「不合作」，此時各自的收益為 1。

把這種分析代入上面的愛情博弈當中，我們可以發現，當雙方博弈達到如果小麗分手可得收益為 10 的階段，小冬是很難有動力繼續交往下去的，繼續下去不但收益不會增長，而且有被小麗甩掉反而減少收益的風險。小麗則更不利，因

為她從來就沒有占據優勢的機會，她無論哪次選擇分手策略，都是兩敗俱傷，而且還有可能被小冬欺騙而減少收益。

在愛情中，女人總體來講處於不利地位。因此，每一次交往，無論小冬還是小麗都有選擇分手來終止愛情的動機，愛情圓滿的結局不可能達到。當然，我們在生活中會發現，踏入婚姻殿堂的情侶數量，並不像上面的推論得出的那樣令人絕望。這是怎麼回事呢？

從邏輯推理來看，倒推法是嚴密的，但結論是違反直覺的。直覺告訴我們，一開始就採取不合作的策略獲取的收益只能為 1，而採取合作性策略有可能獲取的收益為 100。當然，A 一開始採取合作性策略的收益有可能為 0，但 1 或 0 與 100 相比實在是太小了。直覺告訴我們，採取合作策略是好的。而從邏輯的角度看，一開始 A 應採取不合作的策略。我們不禁要問：是倒推法錯了，還是直覺錯了？這就是蜈蚣賽局的悖論。

對於蜈蚣悖論，許多博弈專家都在尋求它的答案。西方賽局理論專家經由實驗發現：不會出現一開始選擇「不合作」策略而雙方獲得收益為 1 的情況。雙方會自動選擇合作性策略。這種做法違反倒推法，但實際上雙方這樣做，其實優於一開始就採取不合作的策略。

倒推法似乎是不正確的。然而我們會發現，即使雙方從

一開始就合作，即雙方均採取合作策略，這種合作也不會堅持到最後一步。理性的人出於自身利益的考慮，肯定會在某一步採取不合作策略。倒推法肯定在某一步要發揮作用。只要倒推法在發揮作用，合作便不能進行下去。

也許下面這個觀點顯得更為公允：倒推法悖論其實是源於其適用範圍的問題，即倒推法只是在一定的條件下和一定的範圍內有效。忽略了這一點，籠統地談論倒推法的有效性是不科學的。

倒推法的成立是有條件的，在一定的條件下它成立的機率比較高。由於倒推法在邏輯上和現實性方面都是有條件成立的，因此它的分析預測能力有局限性，它不可能適用於分析所有動態博弈。

◆

蜈蚣賽局啟示

如果不恰當地運用了倒推法，就會造成衝突和悖論。同時，我們也不能因為倒推法的預測與實際有一些不符，就否定它在分析和預測行為中的可靠性。只要分析的問題符合它能夠成立的條件和要求，倒推法仍然是一種分析動態博弈的有效方法。

巧妙地「縱」，才能牢固地「擒」

在蜈蚣賽局中，獲勝的一方必然是最先背叛的那一方，但是如果一開始便選擇了背叛，那麼即便獲勝，收益也很不理想。因此，雙方都會表面上選擇合作，暗自等待著背叛的時機。這種博弈心理經常被應用於兵家權謀之中。

戰爭的目的就是消滅敵人和奪取地盤，可如果逼得「窮寇」狗急跳牆，直至垂死掙扎，己方損兵失地，那就不可取了。所以不如先行有意識地放對方一馬，這並不等於放虎歸山，而目的在於讓敵人鬥志逐漸懈怠，體力、物力逐漸消耗，最後己方尋找機會，全殲敵軍，消滅敵人。這也就是「欲擒故縱」的謀略，這裡的「縱」是為了更好地「擒」，也只有巧妙地「縱」，才能牢固地「擒」。

《三國演義》中諸葛亮「七擒孟獲」的故事，就是軍事史上一個「欲擒故縱」的絕妙戰例。當時蜀漢剛建立不久，諸葛亮新定下了北伐大計。可是沒想到後院起火，南中地區首領孟獲突然率領十萬大軍起兵謀反。諸葛亮為了解除北伐的後顧之憂，遂決定親自率兵先平孟獲。蜀軍主力很快就到達了瀘水（今金沙江）附近，誘敵出戰，事先在山谷中埋下

伏兵，孟獲被誘入伏擊圈內，一戰就兵敗被擒。

按說，擒拿敵軍主帥的目的已經達到，敵軍一時也不會有很強的戰鬥力了，乘勝追擊自可大破敵軍。但是，諸葛亮考慮到孟獲在南中地區威望很高、影響很大，如果讓他心悅誠服、主動請降，才能使南方真正穩定；不然的話，南中地區各個部落仍不會停止侵擾，後方也就難以安定。於是，諸葛亮決定對孟獲採取「攻心」戰，斷然釋放了孟獲。孟獲表示下次定能擊敗諸葛亮，而諸葛亮則笑而不答。

孟獲回營之後，拖走了所有船隻，據守在瀘水南岸，企圖阻止蜀軍渡河。諸葛亮則乘敵不備，從敵人不設防的下流偷渡過河，並襲擊了孟獲的糧倉。孟獲暴怒，要嚴懲將士，遂激起了將士的反抗，於是他們與蜀軍相約投降，趁孟獲不備，便將孟獲綁赴蜀營。諸葛亮見孟獲仍不服，再次釋放。

以後，孟獲又施了許多計策，都被諸葛亮識破，四次被擒，又四次被釋放。最後一次，諸葛亮火燒孟獲的藤甲兵，第七次生擒孟獲，終於徹底感動了孟獲，他真誠地感謝諸葛亮七次不殺之恩，誓不再反。從此，蜀國西南安定，諸葛亮才得以放心舉兵北伐。

從這裡我們也可以看出，有時候只一味地「擒」未必能達到目的。凡事都有相反相成、衝突化解的一面，柔能克剛，弱能勝強，事物發展到一定程度有可能朝其相反的方向

轉變，所以巧妙地「縱」有時可以轉變為牢固地「擒」。

在商業戰場中，「欲擒故縱」也展現出了妥協的思想，但是這個妥協不是屈服於對手，而是為了更好地獲益。

西元 1860 年代，美國議會通過了建設橫貫美國東西的大陸鐵路議案，安德魯‧卡內基聞風之後立刻到處奔走，希望獲得鐵路臥車的承建資格。就在奔走活動中他發現，與他競爭的對手中最強的是布魯曼公司。這是一家歷史悠久、規模很大的企業，當時它的銷售網已經遍布全美國。卡內基相信自己傾盡全力能夠獲得鐵路臥車的承建資格，但是，如果和布魯曼公司競爭，獲得的利潤就會大大減少。所以，為了更好地獲益，他就必須想出路。

這時候他想起了自己童年時代的一件往事：從前的卡內基一家貧困潦倒，小卡內基只好到紡織廠當童工，後來他又加入電報局的送電報小郵差的隊伍。小郵差們特別喜歡送跨區電報，因為每送一份可以多得 10 美分，這種電報就成了小郵差們的競爭對象，他們也為此經常發生爭吵，甚至不惜拳腳相向。當新來的小卡內基熟悉這個內幕後，為了從中分得一杯羹喝，他於是就在早晨小郵差們聚集時提出了一個巧妙的辦法，他建議把這份額外收入先統一存下來，到週末再平均分配。因為先前每一個小郵差都為此曾被撕破衣服或挨揍，並被電報局警告過，不得打架，否則一律開除。所以，

這個提議大家都樂於接受。結果新來的小卡內基不僅衣服沒破，也沒挨拳頭和訓斥，就得到了他的那一份。

現在，經過仔細盤算，卡內基認為還是與布魯曼合作更為有利，這也就是「縱」；而在合作以後，由於自身的實力要大於布魯曼，所以利潤不僅可以由自己拿，甚至還可以同化布魯曼，這也就是「擒」。因此，卡內基最終巧妙地說服了布魯曼，使競爭對手放鬆了戒備，從而「擒」得了部分承建資格，更重要的是「擒」得了大量的利潤。

蜈蚣賽局啟示

在博弈當中，如果一味地逼迫對方就範，可能就會令對手背水一戰；相反，如果先「縱」，讓對手看到逃生的希望，那麼他也許就會因此而懈怠。這種結果，只要認真推敲一下就能知道，也就是運用倒推的方法。

巧用「連環計」

在《三國演義》中，周瑜想要用「火攻」大破曹操，他就必須找到一個合適的縱火人。這個縱火人事先必須取得曹操的信任，否則他就無法接近曹軍放火。但是，即使放了火，如果曹軍能夠及時有效地避開，那麼「火攻」還是無效，這樣就又必須另想辦法讓曹軍的船隻死等著被燒，這時最好採用「連環計」。「連環計」一環緊扣一環，不能出現一點差錯，這就要藉助精密的倒推法才可能達到預期效果。

一般而言，「連環計」就是運用計謀，使敵人相互牽制，以削弱其軍力，再予以攻擊的策略。也就是先以計謀故布疑陣，混淆敵人的判斷力，再以另一個計略予以攻擊。如此計中生計，連續運用，以達到擊滅敵人的目的。而「連環計」不管是兩計相扣也好，還是多個計謀相配合，其功能有兩個：一是讓敵人互相箝制；二是更有效、迅速地攻擊敵人。二者相輔相成，用兵就如得天神相助一樣。顯然，「連環計」也就是一步一步地降服對手的策略，沒有一步一步的鋪陳，也就難取得最後的勝利。

「連環計」也可以收到一石多鳥的奇效，因為它可以讓

多個敵人互相牽制、互相消耗，這樣就產生了一系列有利於己方的連鎖反應。從下面唐太宗巧選女婿的故事中就可以看出這一點。

　　唐太宗李世民在鞏固了自己的帝位之後，對周邊各民族並沒有採取征伐措施，而是採取了「懷柔外交」，其中主要以「公主和親」為主。「和親政策」實施之後，唐太宗便將宮中漂亮的宮女認作自己的女兒，先後嫁給西北方的吐谷渾、突厥等國王，這樣一來就把往日經常侵犯邊疆的敵人，都變成了女婿，從此化敵為「親」。當時，還尚有吐蕃王沒有著落。吐蕃即現在的青海、四川、西藏等地，其地方大、民性悍，又加上地理位置特殊，是個很難征服的國家。而吐蕃王見別的國王都已娶唐朝的公主為妻，既羨且妒，便也派了一個特使到唐朝來，希望能討個公主回去。但是，唐太宗這時的真假公主只剩一個文成公主了，他對討親一事感到十分頭痛，心裡也不很願意把最疼愛的親生女從禮儀之邦送到遠方去。但唐太宗冷靜一想，覺得不應允的話，很可能惹出麻煩，但又不能白給，於是眉頭一皺，計上心來，想出一個「連環計」，以「激將法」激吐蕃王執行自己的外交政策。

　　他在接見吐蕃特使的時候，先是一口拒絕，這確實在特使的意料之外。後來特使又聽到一點風聲說，唐太宗本來已經答應把公主嫁給吐蕃王，但因吐谷渾國王從中作梗才告

的吹。這點「風聲」,不用說就是唐太宗讓人放出來的。這樣,特使回到吐蕃之後,便索性一不做、二不休,加油添醋地回報吐蕃王說:「本來唐太宗已答應了,且非常有意願和我們結為親家,卻碰上了那個吐谷渾國王,都是他挑撥離間……原來他娶的不是唐太宗的親生女,而妒忌主上娶個真公主……」

吐蕃王不聽猶可,聽後頓時大怒道:「可殺也,他居然敢破壞我的親事!」於是立即大起兵馬,向吐谷渾進攻,一番閃電掃蕩戰,就把吐谷渾國王趕到了邊境的荒山躲起來。吐蕃王一時殺得性起,又乘戰勝餘威,像風捲殘雲一樣,再西破白蘭羌,東破党項國,南征北討,竟一口氣消滅了很多部落,勢力範圍直逼中原邊界。

有了這種聲威後,吐蕃王於是再派特使到中原來,向唐太宗再提聯姻之事。眼見吐蕃既已削平其他小國,再聯了姻,就是自己人,可以減少外交負擔和邊境危害,因此唐太宗一口便答應了把文成公主嫁給吐蕃王。

在現實生活中,「連環計」也有不俗的表現,只要巧於運用,便可收到奇效。

某鐘錶眼鏡零售店曾是知名眼鏡專業店之一,過去它一直壟斷著它所在的縣市及周邊地區的眼鏡銷售市場。可是當這家批零商店還在自得其樂地吃老本的時候,它的周圍卻先

後冒出了十幾家個體眼鏡店鋪和不少地攤，有的乾脆就堵在了零售店的門口。這些小老闆有時候進店轉一圈，出門就把自己攤上同樣的眼鏡降低了標價；而他們打出的「配鏡迅速、立即取件」的口號也很奏效。就這樣，個體經營者憑著其小巧靈活、嘴甜貨廉的優勢，很快便堵住了該鐘錶眼鏡店的財路。

該鐘錶眼鏡零售店面對「圍攻」，先是冷靜地分析了市場形勢，然後發現：個體戶的優勢是進退自如、作價靈活，但一般缺乏複雜的技術，且配鏡品質無保證，也無力造就經營上的聲勢。因此，批零店根據自己的優勢，制定出了一套「揚長避短、優化服務」的策略。

他們先是縮減了低檔眼鏡的銷售量，以避開個體戶定價靈活的優勢，之後又增加了中、上等眼鏡的花色、品種。由於一般顧客都不大懂配鏡的技術，他們便又在報紙、電視上展開了宣傳攻勢：一是宣傳配鏡的基本知識，使顧客了解到配鏡不適將造成眼睛的損害；二是宣傳本店的信譽及提供的優質服務。他們還在宣傳的基礎上，展開了「兒童眼鏡百日服務」的活動，即兒童配鏡減價一半，還提供免費驗光，並聘請了三位眼科專家全天候診，為兒童提供免費配鏡諮商，以保證兒童配上合適的眼鏡。此外，他們還專門購置了車輛，以方便把配好眼鏡的兒童送回家或學校。

這一系列措施，安排得如周密，一環緊扣一環，讓顧客不知不覺地就中了「連環計」。他們還培養了一批未來的顧客 —— 兒童。最終，伴隨著知名度擴大、銷售量提高，該鐘錶眼鏡零售店的復甦就可想而知的了。

◆

蜈蚣賽局啟示

在博弈中，為了克敵致勝，有時候一招往往很難迫使對方就範，所以就需要多施幾計將對方一步步地降服，這樣也就方便取勝了。在謀劃計策時，不妨從預期結果向前推導，使每個計策既行之有效，又銜接緊密。

從人生的終點反向規劃

有三個人要被關進監獄三年，監獄長同意滿足他們每人一個要求。

美國人愛抽雪茄，要了三箱雪茄；法國人最浪漫，要一個美麗的女子相伴；而猶太人說，他要一部與外界溝通的電話。

三年過後，第一個衝出來的是美國人，嘴裡塞滿了雪茄，大喊道：「給我火，給我火！」原來他忘了要打火機；接著出來的是法國人，只見他手裡抱著一個孩子，美麗女子手裡牽著一個孩子，肚子裡還懷著第三個；最後出來的是猶太人，他緊緊握住監獄長的手說：「這三年來我每天與外界聯繫，我的生意不但沒有停頓，反而增長了 200%。為了表示感謝，我送你一輛勞斯萊斯（Rolls-Royce）！」

這個故事告訴我們，決定命運的是選擇，而非機會。

如果只能活六個月，你會做哪些事情呢？會更多地做哪些事情呢？會和誰共同度過這六個月呢？這些問題的答案將會告訴你真正珍惜的東西，以及自己認為真正重要的東西。什麼樣的選擇決定什麼樣的生活，你今天的生活是由三年前

所做出的選擇決定的；而今天的選擇，不僅決定你三年後的生活，更會影響你最終離開人世時的樣子。這就是決定人生的「蜈蚣賽局法則」。

你每個星期有 168 個小時，其中 56 個小時在睡眠中度過，21 個小時在吃飯和休息中度過，剩下的實際上只有 91 個小時 —— 每天 13 個小時，由你來決定做什麼。每天在這 13 個小時裡做什麼，決定了你成為什麼樣的人。從更宏觀的角度來看，我們的整個人生不過是從上蒼手中借的一段歲月而已，大一歲就歸還一年，一直到生命終止。

那麼對這段「借來」的時光，你準備怎樣應用呢？對於這個問題，多數人是無法回答的，因為在沒到準備離開這個世界的時候，沒有人認真思考這個問題。為了幫助有探索意識的朋友了解這個問題，可以藉助於一種假設的場景。

假設你正在前往墓地的路上，去向一位你最親近的人做最後的告別。到了之後，你卻發現親朋好友齊集一堂，卻是為了來向你告別。這個場景也許會在 50 年以後，也許會在 10 年以後，但無論如何，每個人都將面對這一幕：親人、朋友、同事來到墓地，並且默默追思你的生平事蹟。

這時，你最希望他們對你做出什麼樣的評價呢？你最希望人們記住你這一生的什麼成就和事蹟呢？你最希望他們用什麼樣的目光來送別呢？這幾個問題歸結為一個最簡單的問

題，那就是：你希望人們在你的墓誌銘上寫上怎樣的文字？

西元 18 世紀的法國啟蒙運動思想家孟德斯鳩（Montes-quieu）的《波斯人信札》（*Lettres Persanes*）中，有一篇十分有趣的文章，標題是「一個法國人的墓誌銘」，全文是這樣的：「此地安息著一個生前從不曾得到安息的人。他曾經追隨過 530 隊送葬行列。他曾經慶賀過 3,680 名嬰兒的誕生。他用永遠不同的詞句，祝賀友人們所得到的年俸，總數達到 260 萬鎊。他在城市所走的道路，總長 9,600 斯大特（古希臘色路的長度）。他在鄉村間走過的路，總長 36 斯大特。他言談多逸趣，平時準備好 365 篇現成的故事。此外，從年輕時候起，他從古書中摘錄箴言警句 180 條，生平逢機會，即以顯耀。他終於棄世長逝，享年 60 歲。」

這個法國人的一生，是很多人一生的基本寫照。其中或許有這樣那樣的差別，但都像墓誌銘中的法國人一樣整天沉醉於各種無聊的事情之中，最後卻一事無成。一個不能用博弈思維管理人生的人，整天忙碌卻無法取得成就的狀態是大同小異的。你希望你的墓誌銘和他一樣嗎？

伍迪·艾倫（Allen Stewart Konigsberg）曾經說過，生活中 90% 的時間只是在混日子。大多數人的生活層次只停留在為吃飯而吃飯、為工作而工作、為回家而回家。他們從一個地方逛到另一個地方，事情做完一件又一件，好像做了很多

事,但卻很少有時間奔向自己真正想達到的目標,就這樣一直到老死。很多人臨到垂垂老去的時候,才發現虛度了大半生,剩餘的日子又在病痛中一點一點地流逝。

那麼,要怎樣度過一生,才算不虛度呢?回答這個問題,可以幫助你把所有生活層面的東西過濾,提煉出最根本的人生目標,發掘心底最根深蒂固的價值觀,決定人生目標的最核心部分。

在非洲有這樣一個民族,他們計算年齡的方法可以說是世界上獨一無二的。在這個民族中,嬰兒一生下來,馬上就得到 60 歲的壽命,以後逐年遞減,直到零歲。這種倒數的方法,就好比以前人們用電話磁卡打電話,將磁卡插入話機時,顯示器立刻顯示出卡中的數值,隨著通話時間的延長,卡中的數值不斷減少。人生其實就如同一張小小的磁卡,不過因為數值跨度較長,我們經常會忘了不斷減少的數值。

蜈蚣賽局啟示

如果把人生看作你與時間進行的一場博弈的話,那麼倒數的方法,可以讓你學會從終點出發來行動的策略思維,透過對整體人生的全盤構想和倒後推理,來進行每天的自我管理,知道每一天有哪些事情是應該做的,哪些行動是正確的。

第十一章

槍手賽局 —— 後發制人的博弈策略

　　槍手賽局是研究多人對局、實力遞減情況下各自策略的博弈。其模型及可能出現的結果為：三個槍手對決，甲、乙、丙槍法優劣遞減；最後的結局，將不取決於同時開槍還是先後開槍，最優秀的槍手，最先倒下的機率將最高；而最差的槍手，存活的希望卻最大。此博弈可以用來探討競爭強者與弱者的各自的生存之道，其中包括韜光養晦、聯弱抗強、隔山觀虎鬥、遠離是非等博弈智慧。

木秀於林，風必摧之

在賽局理論中，有專門的一個模型是論述這個策略的，那就是槍手賽局模型。槍手對決，勝者為王，也許只有槍手們自己知道，在多方對戰的時候，最關鍵的並不在於先擊倒哪個對手，而是要先保全自己。

在美國一個西部小鎮上，有三個快槍手相互之間的仇恨到了不可調和的地步。這一天，他們三個人在街上不期而遇，每個人都握住了槍把，氣氛緊張到了極點。因為每個人都知道，一場生死決鬥馬上就要發生。

三個槍手對彼此的實力瞭如指掌：槍手甲槍法精準，十發八中；槍手乙槍法不錯，十發六中；槍手丙槍法拙劣，十發四中。那麼我們來推斷一下，假如三人同時開槍，誰活下來的機率大一些？

假如你認為是槍手甲，結果可能會讓你大吃一驚：最可能活下來的是丙 —— 槍法最差的那個傢伙。假如這三個人彼此痛恨，都不可能達成協定，那麼槍手甲一定會對槍手乙開槍。這是他的最佳策略，因為此人威脅最大。這樣他的第一槍不可能瞄準丙。同樣，槍手乙也會把甲作為第一目標，

很顯然，一旦把甲幹掉，下一輪（如果還有下一輪的話）和丙對決，他的勝算較大。相反，如果他先瞄準丙，即使活到了下一輪，與甲對決也是凶多吉少。丙呢？自然也要對甲開槍，因為不管怎麼說，槍手乙終究比甲差一些（儘管還是比自己強），如果一定要和某個人對決下一場的話，選擇槍手乙，自己獲勝的機會要比與甲對決大一點。於是一陣亂槍過後，甲還能活下來的機率小得可憐，只有將近一成，乙是兩成，而丙則有十成把握活下來。也就是說，丙很可能是這場混戰的勝利者。

現在換一種規則（在很多情況下，規則決定結果）：三個人輪流開槍，誰的機會更大？這裡我們又要遇到瑣碎的排序問題，但不管怎麼排，丙的運氣都好於他的實力。至少，他不會被第一槍打死。而且，他很可能獲得在第二輪首先開槍的機會。

例如，順序是甲、乙、丙，甲一槍幹掉了乙，現在，就輪到丙開槍了 —— 儘管槍法不怎麼樣，但機會還是很大的：那意味著他有將近一半的機會贏得這次決鬥（畢竟甲也不是百發百中）。如果乙幸運地躲過了甲的攻擊呢？他一定會回擊甲，這樣即使他成功，下一輪還是輪到丙開槍，自然，他的成功機率就更大了。

問題來了：如果三人中首先開槍的是丙，他該怎麼辦？

他可以朝甲開槍,即使打不中,甲也不太可能回擊,畢竟這傢伙不是主要威脅,可是萬一他打中了呢?下一輪可就是乙開槍了……可能你會感到有點奇怪:丙的最佳策略是朝天開一槍!只要他不打中任何人,不破壞這個局面,他就總是有利可圖的。

這個故事告訴我們:在多人博弈中常常由於複雜關係的存在,而導致出人意料的結局。一位參與者最後能否勝出,不僅僅取決於自己的實力,還取決於實力對比關係以及各方的策略。一個弱者也可以透過選擇「退一步」而獲得更大的生存空間。這樣的例子在現實生活中比比皆是,尤其是在涉及參與博弈的個體有強有弱的時候。比如總統競選,實力最弱的競選者總是在開始時表現得很低調,而實力強勁的競選者和實力中等者之間反而互相攻擊,搞得狼狽不堪,這個時候最弱的競選者才粉墨登場,獲得一個有利的形勢。

一個人在社會上的生存不僅取決其能力的大小,還要看其威脅到的人。一個人能力可能很強,成就可能非常輝煌,但是這恰恰可能也是這個人走向悲劇的原因,因為這種高能力和高成就威脅到了其他人的地位和安全,他人必欲除之而後快。大到歷史上普遍存在的「皇帝殺功臣」,小到一個部門裡面的互相傾軋,都是因為一個人的能力威脅到了另一個人的利益。一個對他人利益從不構成威脅的人,自然不會是

他人意欲除掉的對象，反而能夠在各種政治風雲中倖存下來。而能力最強、本事最大的人，反而是最有可能走向悲劇結果的人。

◆
槍手賽局啟示

槍法最好的，卻可能是最先喪命的；槍法第二好的，是最可能存活的；槍法最差的，由於對他人威脅很小，也可以比最強的人得到更大的生存機會。「木秀於林，風必摧之」，這正是強者的悲哀。

《三國演義》中的槍手賽局

在槍手賽局的第一輪射擊中，乙和丙實際上是一種聯盟關係，因為先把甲幹掉，他們的生存機率都上升了。我們現在來判斷一下，乙和丙之中，誰更有可能背叛，誰更有可能忠誠？

任何一個聯盟的成員都會時刻權衡利弊，一旦背叛的好處大於忠誠的好處，聯盟就會破裂。在乙和丙的聯盟中，乙是最忠誠的，這不是因為乙本身具有更加忠誠的品質，而是利益關係使然。只要甲不死，乙的槍口就一定會瞄準甲。但丙就不是這樣了，丙不瞄準甲而胡亂開一槍顯然違背了聯盟關係，丙這樣做的結果，將使乙處於更危險的境地。合作才能對抗強敵。只有乙、丙合作，才能把甲先幹掉。如果乙、丙不和，乙或丙單獨對甲都不占優勢，必然被甲先後除掉。

魏、蜀、吳三國的故事，恰好驗證了上述這一結論。我們知道，在《三國演義》中，有關荊州的故事幾乎占了全書的一半。各路英雄角逐荊州，笑傲疆場。劉表、曹操、劉備、孫權等人都曾據守，可見其策略位置的重要性。而赤壁之戰後劉備集團實際占得荊州，孫權心有不甘，趁關羽北伐

之機違背盟約襲取荊州。後人在這件事上都給予了他很高的評價，然而今天從新的角度反思這段歷史，其實這正是吳、蜀兩國走向衰落的開始。也就是說，因為孫權向劉備錯誤地「開了一槍」，從而導致了吳、蜀兩敗俱傷，奠定了三國中魏國獨大的局面。

為什麼這樣說呢？讓我們來看一下赤壁之戰後三國的形勢：如果把三國分別比作上文中參與決戰的三個槍手，那麼赤壁之戰前，曹操好比是槍手甲，孫權是槍手乙，劉備是槍手丙。在孫劉聯盟中孫權是抗擊曹操的主要力量，並在赤壁之戰擊敗了曹操，此時劉備的最佳策略是殺掉曹操嗎？恐怕不是。可以想像，如果當時關羽在華容道上沒有放走曹操，那麼接下來的歷史很可能就是孫權滅掉劉備。所以，弱者總是有動力去維持一個穩定的三角形結構：與次強者聯盟，但是卻並不願意徹底消滅強者。

等到劉備占據兩川之地，進而攻占漢中的時候，實質上劉備已經由槍手丙變成了槍手乙。此時孫權最主要的敵人應該是誰呢？不是處於槍手乙位置上的劉備，而是處於槍手甲位置上的曹操。也就是說，如果套用槍手賽局中的策略選擇，魏、蜀、吳三國的最佳策略應該都是首先攻擊最強的對手。而對於吳和蜀來說，他們的最強對手都是魏，所以都應該將魏作為首要攻擊對象，如此他們形成的聯盟才是最佳策

略。而且曹操在消滅張魯後，並沒有進一步攻打劉備，主要也是因為害怕孫權在背後給他一槍，從中足可見曹操對孫劉聯盟的忌憚。

可惜，吳、蜀兩國都沒能「將聯盟進行到底」。首先，劉備集團的二號人物關羽背棄了諸葛亮提出的「東聯孫吳、北抗曹魏」策略，以致敗走麥城為東吳所殺。劉備怨恨在心，調兵遣將要為關羽報仇，其間張飛也被部屬刺殺並把首級獻給孫權，這更令劉備誓與東吳不共戴天。雖然諸葛亮再三勸阻，但劉備還是鐵了心出兵討伐東吳。從此，「東聯孫吳」的策略被徹底破壞了。

反觀孫權，破壞孫劉聯盟為奪取荊州也不是最佳策略。這種策略首先導致了與劉備的衝突激化。孫權讓呂蒙奪南郡，殺關羽而並荊州，終致夷陵之戰爆發，結果劉備軍隊潰敗，雖然蜀國的精銳部隊在這裡遭到瓦解，但吳國實力也受損非輕，重要的是，它直接使得吳、蜀兩國整體實力大減。

從另一個角度來看，孫權為了荊州而與劉備鬧翻也是得不償失的。在曹魏與吳蜀兩國的交戰中，有四個軍事碰撞的地區，分別是：漢中地區、襄陽地區、武昌地區、江淮地區。基本上整個三國的戰爭史中，南北勢力間絕大部分的軍事衝突都是發生在這四個地區。原本蜀國管轄漢中地區和襄陽地區，吳國管轄武昌地區和江淮地區，如果只考慮安排在

邊境上的兵力，魏國為了其邊境安全，應該在這四個地方屯集相當的兵力，至少也要在有事的時候能夠很快地將部隊開進這一區域，對於吳、蜀兩國也是如此，那麼，應該說此時吳、蜀兩國在邊境上承受的是同樣的軍事壓力。但是在夷陵之戰後，孫權除了讓吳、蜀兩國整體實力大減之外，還從蜀國手中將襄陽地區的防守任務接了過來。這樣，原本由吳、蜀兩國平攤的防守壓力變成了吳國承擔 3/4，而蜀國承擔 1/4。自此以後，吳國就比以前更加疲於應付魏國的壓力。後來的歷史大家都很熟悉，蜀、吳兩個弱者皆被魏所滅。三國歷史上幾顆閃亮的明星就此隕落。

　　分析了三國時期的吳國與蜀國兩個集團所採取的策略之利害得失，其目的不僅是用賽局理論的原理幫助你認識與理解歷史，也是希望你從中領悟到一些深層的生存智慧。

槍手賽局啟示

　　身為弱者，能夠清醒地認識自己，明確自己最急需提高的能力尤為重要。有了超強的能力，同時採用恰當的策略，再加上點運氣，成功的可能性要遠遠大於能力不濟而只靠策略與運氣的人。

做事要留轉圜餘地

　　西元 20 世紀初期，在美國西部落磯山脈的凱巴伯森林中約有 4,000 頭野鹿，而與之相伴的是一群群凶殘的狼，它們威脅著鹿的生存。為了這些鹿的安寧，西元 1906 年，美國政府決定開展一場除狼行動，到了西元 1930 年，累計槍殺了 6,000 多隻惡狼。狼在凱巴伯林區不見了蹤影，不久鹿增長到 10 萬多頭。興旺的鹿群啃食一切可食的植物，吃光野草，毀壞林木，並使以植物為食的其他動物銳減，同時也使鹿群陷於飢餓和疾病的困境。到了西元 1942 年，凱巴伯森林中的鹿的數量下降到 8,000 頭，且病弱者居多，興旺一時的鹿家族急遽走向衰敗。

　　誰也沒有想到會出現這種事與願違的局面。狼被消滅了，鹿沒有了天敵，日子過得很安逸，也不用經常處於逃跑的狀態了。「懶漢」體弱，於是鹿群開始退化。美國政府為挽救滅狼帶來的惡果，不得不又實施了「引狼入室」計畫。西元 1995 年，美國從加拿大運來首批野狼放生到落磯山脈中，森林中才又煥發勃勃生機。

　　如果把上述思想應用在一些特定的博弈中，則我們常說的「對待敵人應該像秋風掃落葉那樣殘酷無情」就未必是最

好的策略，最好的策略恰恰是放敵人一條生路。我們還是來看三國時期的例子，因為那個時代發生的事情實在是一本很好的賽局理論教材，它非常生動地表達了博弈對局中的策略互動和相互依存。

第一個例子是「華容道」。眾所周知，當初諸葛亮派關羽在華容道埋伏時，劉備就提出了疑問：「吾弟義氣深重，若曹操果然投華容道去時，只恐端的放了。」而諸葛亮回答道：「亮夜觀乾象，操賊未合身亡。留這人情，教雲長做了，亦是美事。」後來關羽果然以義氣為重，在華容道上放走了曹操。人們對此扼腕嘆息，認為關羽以私廢公，錯失了殺掉曹操的大好機會。但是如果我們以賽局理論的觀點分析，則裡面其實具有弦外之音。

先讓我們冷靜地分析一下當時的形勢：當時劉備兵微將寡，占有江夏彈丸之地，就算華容道上殺了曹操，也根本無力一統天下；而江東孫權在赤壁之戰中獲勝，勢力更大，除掉曹操，孫權的下一個目標無疑會是劉備。而以劉備當時的實力，無論如何不是孫權的對手。如果放曹操生還，他由於赤壁新敗，元氣大傷，定要好好休整，伺機報仇；孫權雖勝也因忌憚，必然加緊防範，不敢妄動。這樣，兩大諸侯互相牽制，劉備集團便可乘隙虎踞荊襄，進兵西川，取益州，奪漢中，三分天下。因此，「夜觀乾象」不過是虛妄之詞，為

了自身的安危而有意放曹操一條生路，才是諸葛亮與劉備在這場博弈中的最佳策略。

　　第二個例子是大家耳熟能詳的「空城計」。馬謖失掉北伐的策略要地街亭，蜀軍處於不利的局勢之下。諸葛亮安排撤兵後，司馬懿親率大軍逼近，而諸葛亮手中已無兵將可用。諸葛亮無奈之下，利用司馬懿多疑的性格而大膽使出空城計，司馬懿果然中計退兵。但是如果用賽局理論的觀點加以解讀，其中也許另有一番道理。從《三國演義》的描寫中，我們可以看到司馬懿的兒子已經指出有可能是諸葛亮在使空城計，而以司馬懿卓越的軍事才能，就算不能斷定是否真有埋伏，只稍派出小股部隊略加試探便知真假，何以倉皇撤軍？唯一合乎邏輯的解釋就是，司馬懿並不想過早地除掉諸葛亮。為什麼呢？因為司馬懿並非曹氏心腹之臣，他在朝中一直受曹真等人的排擠，曾經被貶為平民。只因諸葛亮伐魏無人可擋，最後曹魏又不得不請司馬懿出山。可以說，正是因為諸葛亮的存在，才使得曹魏對司馬懿有所依賴。司馬懿可能也很清楚，在他未能掌握軍國大權的時期，一旦諸葛亮倒下，那麼他被逐出朝廷甚至慘遭迫害的日子也就到了。於是，司馬懿在空城計前面退卻了。後來，司馬懿不斷擴充軍權，大權獨攬，那是為了自己和家族不致在諸葛亮死後被曹魏挾制和迫害。

槍手賽局啟示

　　事物之間存在著密切的關係，看似不合理的現象中卻有著固有的平衡，一旦這個平衡被人為地打破，可能會帶來無法預知的災難。也就是說，我們做任何事情都要有個限度，超過了這個限度，反而會得到不好的結果。即便對待敵人，也不一定總要「像秋風掃落葉一樣無情」，有時放他一馬，反而會使自己在下一輪博弈中取得有利的態勢。

遠離是非，避免衝突

我們回頭看「三個槍手的決鬥」，如果是槍法最差的丙先開槍，其最佳策略是向天開槍。因為只有向天開槍，他才可以繼續安穩地看著甲、乙二人拚個你死我活，也就是「隔山觀虎鬥」。但即使是隔山觀虎鬥，兩虎鬥過之後，你終究還是要面對其中一個。既然進入了「槍手對決」的局中，你面臨的仍是你死我活，而且注定無法逃脫。

《古今譚概·微詞部》中記載了下面這個故事：齊高祖蕭道成與尚書令王僧虔比試書法（王僧虔在當時以書法著稱於世）。二人寫完後，蕭道成問王僧虔：「我們哪個書法第一？」王僧虔回答說：「為臣的書法是人臣中的第一名，陛下的書法是帝王中的第一名。」齊高祖聽了大笑，說：「愛卿真會替自己說話！」

王僧虔以書法見稱於世，而齊高祖蕭道成在書法上卻未見有什麼地位，他們二人來場書法比賽，論能力，蕭道成當然趕不上王僧虔。但蕭道成自己卻並不這樣認為，所以他得意地向王僧虔發問，這可使王僧虔有些為難了。自己的書法

很明顯比蕭道成好，但現在卻絕對不能說自己是第一，因為蕭道成的用意就在於要王僧虔承認他的書法是第一。如果不能滿足他這種虛榮心，那麼蕭道成定會難為他。得罪了皇帝，那可是後患無窮。但王僧虔又不願違心地去吹捧蕭道成，可說是已入進退兩難之境。但王僧虔透過把自己與蕭道成分開，避開他們之間的正面比較，認為自己是人臣中的第一，而蕭道成則是帝王中的第一，這樣兩個人都是第一，既滿足了蕭道成的虛榮心，也表現出對自己書法水平的充分自信，可謂兩全其美。而蕭道成也只能一笑，說王僧虔「真會替自己說話」了。

在很多情況下，我們就是需要這樣一種遠離是非的藝術。比如你的朋友犯了一個無傷大雅、無關緊要，同時也與你毫無關係的小錯誤，你要不要當眾指出來，或者捲入無謂的紛爭？你是寧願退避三舍還是逞一時的口舌之快？成功學大師戴爾・卡內基（Dale Carnegie）的親身經歷能給我們以有益的啟示。

有一天晚上，卡內基參加了一個宴會，席間，坐在他右邊的一位先生講了一個笑話，並引用了一句話。那位先生提到，他所引用的這句話出自《聖經》（Bible）。卡內基當時為了表現自己的優越感，企圖糾正這位先生，告訴他這句話出自《哈姆雷特》（Hamlet）。那位先生聽到卡內基的糾正後立

刻反駁道：「不可能！絕對不可能！那句話出自《聖經》。」剛好卡內基的老朋友、研究莎士比亞多年的法蘭克坐在他旁邊，於是兩人都同意向法蘭克請教。

法蘭克聽到以後，在桌下踢了卡內基一下，然後說：「戴爾，你錯了，這位先生是對的。這句話是出自《聖經》。」宴會結束後，在回家的路上，卡內基生氣地對法蘭克說：「法蘭克，你明明知道那句話出自《哈姆雷特》。」「是的，當然！」法蘭克回答，「《哈姆雷特》第五幕第二場。可是戴爾，我們是宴會上的客人。為什麼要證明他錯了？那樣會使他喜歡你嗎？為什麼不保留他的顏面？他並沒有問你的意見啊，他不需要你的意見，為什麼要跟他抬槓？我們要永遠避免跟人家正面衝突。」

卡內基和那位客人都是宴會上的賓客，本來大家歡宴一場，可能會成為好朋友，但是卡內基卻要透過糾正一個別人無關緊要的錯誤來表現自己的優越感，結果引起了對方的不滿。而他的朋友法蘭克則明白，如果自己也同卡內基一樣去糾正這位客人的錯誤，就會使這位客人陷入尷尬的境地，所以他只好委屈自己的朋友，不跟客人較真，以免掃了別人的興。

槍手賽局啟示

　　老子曾說：「夫唯不爭，故天下莫能與之爭。」一個人如果學會遠離是非，那麼他的處世能力就上升到了一個更高的層次。遠離是非在本質上可以看作一種博弈方法，其目的是使自己盡量不捲入無謂的紛爭。本文開頭已經說過，只要捲入戰局，結果就是非死即傷，所以最明智的策略就是，如果不是情非得已，開始時就遠離戰局。

第十二章

分蛋糕博弈 —— 談判與討價還價的博弈策略

分蛋糕博弈是研究在討價還價中，如何選擇策略才會使公平、效率與收益最大化相統一的博弈模型。在這樣的博弈中，隨著時間成本的加入，將使得分配變得複雜化。雙方如果不能及時達成交易，不僅集體的收益將減少，而且個體的收益也將減少。在此情況下，利用時間成本以及警告、承諾將對其中一方極其有利。

你會討價還價嗎

有一對男女在分一塊蛋糕，那麼怎樣分配才能保證公平合理呢？有一個很簡單的辦法，就是一方將蛋糕一切兩半，另一方則選擇自己分得哪一塊蛋糕。不妨先假設男人負責切蛋糕，而女人則在兩塊蛋糕中選擇一塊。很顯然，男人在這種切蛋糕的規則下，一定是努力讓兩塊蛋糕切得盡量大小相同。

但是，在現實中，將兩塊蛋糕切得大小完全一樣是不可能的。如果使用精密儀器去測量，用精密刀具去切割，則成本又太高了，還不如用手去切。假設這個男人與女人都是那種斤斤計較、很小家子氣的人，那麼，在這樣的規則下，男人分得的蛋糕一定是較小的那塊。那這是為什麼呢？

男人和女人都想得到最大塊的蛋糕，兩個人都不願意先去切這塊蛋糕，於是又出現了另一種分配蛋糕的規則。如果把蛋糕的總量看作 1，男人和女人各自同時報出自己希望得到的蛋糕份額，如 4/5、7/8。

他們之間約定，必須是兩人所報出的份額相加總和等於 1 時，才能分配，否則重新分配。但是，從數學角度上看，這兩個人博弈的納許均衡點會有無數個，只要兩人所報出的份額相

加為 1，就都是均衡結局，比如男人報 1/2，女人報 1/2；男人報 2/3，女人報 1/3，以此類推。這裡的問題在於如果女人報 8/9，男人報 1/9，這個時候男人也只有接受這個條件。由於這是一次性博弈，如果男人不接受，那麼雙方連一點點的蛋糕都分不到。從人的理性角度來看，這種結果顯然是不存在的。

在現實生活中，那些絕對的利他主義者，或者說是帶有其他目的的博弈參與者除外，很明顯，如果把 4/5 的蛋糕歸某一參與者，而剩餘僅僅 1/5 的蛋糕留給另一參與者的情況是很難發生的。男人絕對不會滿足於只分到 1/5 的蛋糕，他會要求再次分配。在這種情況下，分蛋糕的博弈就不再是一次性博弈。看到了嗎？分蛋糕的博弈與商場中討價還價是多麼相似呀！

在商場競爭中，無論是日常的商品買賣，還是國際貿易乃至重大政治談判，都存在討價還價的問題。

比如 WTO 大會上，各國政府為了國家和民族的利益與其他國家討價還價，展開了漫長而又艱難的談判。我們從這個漫長的談判中可以發現，討價還價的過程實際上就是一個談判的過程。比如 A 國首先對 B 國提出一個要求，B 國決定是接受還是不接受，如果 B 國不接受，可以提出一個相反的建議，或者等待先進國家重新調整自己的要求。這樣雙方相繼行動，輪流提出要求，從而形成了一個多階段的動態博弈。

　　有這樣一個故事：某個窮書生為了維持生計，要把一個古董賣給財主。書生認為這古董至少值 300 兩銀子，而財主是從另一個角度考慮，他認為這個古董最多值 400 兩銀子。從這個角度看，如果能順利成交，那麼古董的成交價格為 300 至 400 兩銀子。如果把這個交易的過程簡化為：由書生開價，而書生選擇成交或還價。這時，如果財主同意書生的還價，交易順利完成；如果財主不接受，那麼交易就結束了，買賣也就沒有做成。

　　這是一個很簡單的兩階段動態博弈問題，應該從動態博弈問題的倒推法原理來分析這個討價還價的過程。由於財主認為這個古董最多值 400 兩銀子，因此，只要書生的討價不超過 400 兩銀子，財主就會選擇接受討價條件。但是，再從第一輪的博弈情況來看，很顯然，書生會拒絕由財主開出的任何低於 300 兩銀子的價格，如果財主開價 390 兩銀子購買古董，書生在這一輪同意的話，就只能得到 390 兩銀子；如果書生不接受這個價格，那麼就有可能在第二輪博弈提高到 399 兩銀子，財主仍然會購買此古董。從人類的不滿足心理來看，書生會選擇還價。

　　在這個例子中，如果財主先開價，書生後還價，結果賣方可以獲得最大收益，這正是一種後出價的「後發優勢」。這個優勢相當於分蛋糕動態博弈中最後提出條件的人幾乎霸占整塊蛋糕。

　　事實上，如果財主懂得賽局理論，他可以改變策略，要麼後出價，要麼先出價但是不允許書生討價還價，如果一次性出價，書生不答應，就堅決不再購買書生的古董。這個時候，只要財主的出價略高於 300 兩銀子，書生一定會將古董賣給財主。因為 300 兩銀子已經超出了書生的心理價位，一旦不能成交，那一文錢也拿不到，只能繼續受凍挨餓。

　　賽局理論已經證明，當談判的多次博弈是單數時，先開價者具有「先發優勢」；而談判的多次博弈是雙數時，後開價者具有「後動優勢」。這在商場競爭中是常見的現象，急切想買到物品的買方往往要以高一些的價格購得所需之物；急於推銷的銷售人員往往也是以較低的價格賣出自己所銷售的商品。

分蛋糕博弈啟示

　　急於成交的，往往要支付較高的成本。正是這樣，富有購物經驗的人買東西、逛商場時總是不疾不徐，即使內心非常想買下某種物品，也不會在店員面前表現出來；而富有銷售經驗的店員們總會用「這件衣服賣得很好，這是最後一件」之類的話，試圖將物品以高價賣出。

時間也是一種成本

　　兩個獵人前去打獵，路上遇到了一隻離群的大雁。於是兩個獵人同時拉弓搭箭，準備射雁。這時獵人甲突然說：「喂，我們射下來後該怎麼吃？是煮了吃，還是蒸了吃？」獵人乙說：「當然是煮了吃。」獵人甲不同意，說還是蒸了吃好。兩個人爭來爭去，一直也沒有達成一致意見。這時，來了一個打柴的村夫，聽完他們的爭論笑著說：「這個很好辦，一半拿來煮，一半拿來蒸，不就可以了。」兩個獵人停止爭吵，再次拉弓搭箭，可是大雁早已不見蹤影了。

　　在很多方面，時間都是金錢。最簡單的一點莫過於較早得到的 10 萬元，其價值超過後來得到的 10 萬元。因為即便是排除利率或匯率變化的因素，較早得到的錢可以用來投資，賺取利息或紅利。假如投資報酬率是每年 5%，那麼現在得到的 10 萬元等於明年此時的 10.5 萬元。

　　在談判中，收益縮水的方式千差萬別，縮水比例也不同。但有一點是可以肯定的，那就是任何討價還價的過程都不可能無限延長。因為談判的過程總是需要成本的，在經濟學上這個成本稱為「交易成本」。就如同冰淇淋蛋糕會隨著

兩個孩子之間的爭搶過程而融化，不妨僅簡單地認為融化的那部分蛋糕就是這個過程的交易成本。而且商業社會有一個必不可少的特徵 —— 時間就是金錢。即便是戀人之間關於看球還是看芭蕾舞的談判，所耗費的時間也是成本，而戀人之間的爭執對雙方心理的傷害也是巨大的，這些成本往往遠高於交易所帶來的收益。

因此，有很多談判也和分配蛋糕一樣，隨著時間的推移，蛋糕縮水就越厲害。假如各方始終不願意妥協，暗自希望只要談成一個對自己更加有利的結果，其好處就將超過談判的代價。

英國作家查爾斯·狄更斯（Charles John Huffam Dickens）寫的《荒涼山莊》（*Bleak House*）描述了一個極端的情形：圍繞荒涼山莊展開的爭執變得沒完沒了，以至於最後不得不賣掉整個山莊，用於支付律師們的費用。

不同的談判按照不同的規則進行。在超市裡，賣方會標出價格，買方的唯一選擇就是要麼接受這個價格，要麼到別的店裡碰運氣。這可以視為一個最為簡單的討價還價法則。而在商業談判中，賣家首先給出一個價碼，接著買家決定是不是接受。假如不接受，他可以還一個價碼，或者等待賣家調整自己給出的價碼。有時候，相繼行動的次序是約定俗成的，也有一些時候，這一次序本身就具有策略意義。

　　假如一場談判久拖不決，那麼賣家將會失去搶占市場的機會，而買家會失去一次使用新產品的機會。假如各國陷入一輪曠日持久的貿易談判，它們就會在爭吵收益分配的時候喪失貿易自由化帶來的好處。在這些例子中，參與談判的所有方都願意盡快達成協定。

　　羅伯特‧奧曼（Robert J. Auman）與夏普利（Lloyd Shapley）在西元 1976 年證明了，兩人為分一塊餅而討價還價，這個過程看似可以無限期地進行下去，但是，只要沒有一個人有動機偏離對偏離者實施懲罰的機制，也沒有一個人去偏離對偏離了「對偏離者實施打擊」的軌道的人實施懲罰的機制，並且這種懲罰鏈不中斷，則討價還價的談判就會因達成均衡而結束。

　　馬拉松式的談判一輪輪拖而不決的原因在於，參與談判的雙方之間，還沒有就蛋糕的融化速度，或者說未來利益的流失程度達成共識。

　　從數學上可以證明，分蛋糕博弈只要博弈階段是雙數，雙方分得的蛋糕就一樣大，博弈階段是單數時，輪到最後提要求的博弈者所得到的收益一定會高於另一方，然而隨著階段數的增加，雙方收益之間的差距會越來越小，每個人分得的蛋糕將越來越接近於一半。也就是說，向前展望、倒後推理的方法，可能在整個過程開始之前就已經有了結果。

　　策略行動可能在確定談判規則的時候就已經開始。如果預期結果是第一個條件能夠被對方接受，談判過程的第一天就會達成一致，後期不會再發生。不過假如第一輪不能達成一致，這些步驟將不得不進行下去，這一點在一方盤算怎樣提出一個剛好足夠吸引對方接受的第一個條件時非常關鍵。

　　由於雙方向前展望，可以預想到同樣的結果，他們就沒有理由不達成一致。也就是說，向前展望、倒後推理將引出一個非常簡單的分配方式：中途平分總額。

◆

分蛋糕博弈啟示

　　談判是一種像跳舞一樣的藝術，參與談判的談判者應該盡量縮短談判的過程，盡快達成一項協定，以便減少耗費的成本，從而避免損失，維護各自的最大利益。正如班傑明・富蘭克林（Benjamin Franklin）所說：「記住，時間就是金錢。」只有懂得節約時間成本，高效、合理地利用時間，才能成為時間的主人。

最後通牒：不同意就拉倒

公平分配無疑是談判中達成合作的重要保障。因為面對一個具有公平觀念的談判對手，不公平的條件常常會帶來他的抗拒行為 —— 即使他處於談判的劣勢。

最後通牒賽局中的規則是，提議者可以提議怎樣分配，而方案能否實施則需要由回應者來決定：如果回應者同意該方案，則實施該方案；如果回應者不同意該方案，那麼雙方就什麼也得不到。在最後通牒賽局中，均衡結果是什麼？

標準的賽局理論分析是這樣的：首先考慮回應者的選擇，對於他來說，如果同意則可得到一塊蛋糕，不同意則只能得到 0，因此只要所能分得的蛋糕比例略大於 0，那麼他都應該同意。既然如此，回溯到提議者提議的時候，他很清楚回應者的想法，於是他就會只給回應者一個略大於 0 的分配比例（比如，假設 0.1 是最小的分配單位的話，那麼他就只會分給回應者 0.1）。

不過，最後通牒賽局的標準賽局理論分析結果其實並不是普遍的，更普遍的情況是相對公平的分配結果。在 100 元分配的最後通牒賽局中，大多數提議人分配給回應者 40 至

50 元；分配給回應者 50 至 70 元的情況極少見；分配給回應者小於 20 元的方案被拒絕的機率很高（約 40％至 50％）。而且，最後通牒賽局的結果是相當有說服力的，承受住了來自各方的質疑。比如，有人認為，這一結果可能與不同國家和地區的文化傳統、道德習俗等有關，而來自歐洲、美洲、亞洲許多國家的研究依然得到了大致相同的結果。而以分配 100 元來進行的獨裁博弈實驗則表明，分給回應者為 0 的極端分配結果僅占 20％，分給回應者大於 0 但小於 50 元的提議者占 80％，沒有提議者願意分給回應者 50 元以上。這說明，與最後通牒賽局相比，獨裁博弈中由於提議者不用擔心回應者的回絕，他們傾向於分配給回應者更少的份額，但他們並不是極端自利地一點也不給回應者 —— 儘管他們可以這麼做。

上述實驗表明，即便人們處於談判能力不對稱的時候，恐怕也需要考慮相對公平的分配方案，否則談判就會破裂，合作的利益就不存在。

讓步是促成合作的一個方法，而談判中有時也會使用與讓步相反的方法，那就是宣稱不讓步來「威脅」對方。比如有些情況下，談判的一方會向對方宣稱：「要麼你們在協定上簽字，要麼我們宣布談判結束。我們已經不會再讓步，也不想再奉陪了。」這實際上是一個最後通牒式的提議，因為

對方現在只有做出同意或不同意的選擇。有時這種宣稱可能還附帶更大的「威脅」：「如果你不同意我的報價，我就要終止我們的關係。」

　　這樣的強權恫嚇當然有可能會影響到談判結果。但是，它仍然存在兩個不可忽視的問題，一個問題是若使用不當則可能強化對立情緒；另一個問題是我們在上一章所講到的，這樣的「威脅」有可能不可置信 —— 尤其是當談判破裂對於恫嚇者本身不利的時候。比如，在 100 元分配的最後通牒賽局中，提議者當然可以提出分給自己 99 元，分給對方 1 元，並且說：「你不同意就拉倒。」但如果回應者真的「拉倒」，那麼他自己損失僅 1 元，而提議者將損失 99 元，那麼他為什麼要相信提議者真的是想拉倒呢？他為什麼不可以反過來要挾提議者呢？比如他可以對提議者說：「你最好分給我不要少於 30 元，否則我就會拒絕，讓你一分錢也得不到。」當然，回應者的「威脅」本身也面臨可信性的質疑，但是如果他要求的數額並不高，意味著他的「威脅」被付諸實踐並不需要付出太大的代價，而提議者恐怕就不能對回應者的「威脅」置之不理。如果是這樣，那麼提議者的強權「恫嚇」可能就不發揮作用。就好像你在小商店買東西時，商店的小販會「恫嚇」你，這個東西在其他地方買不到，而低於多少錢他是絕對不賣的。但是當你作勢要離開時，他又

常常叫住你給你一個更大的折扣。這說明他的最後通牒式的價格提議其實並不管用。

那麼，如何才可以使「不同意就拉倒」變得可信？一個辦法是提議者應當長期累積較高的退出談判的記錄，這樣他就可能給人留下很強硬的印象，而使得其「不同意就拉倒」是可信的。現實中確有這樣的「提議者」，如一些有聲譽的商場，常常在其牆壁上寫上「一口價」、「不二價」或是「本店商品概不討價還價」。

◆
分蛋糕博弈啟示

最後通牒之所以能夠奏效，靠的正是時間臨界點效應。逼近的時間臨界點最容易讓人妥協，因此留給對方最後一點考慮時間，在時間壓力下，原本在意的事情會顯得「無關緊要」，一旦時間壓力解除，個人注意力才會全面回歸，而此時，錯誤很可能已經鑄成。

充分利用手中的籌碼

　　崇禎二年（西元 1629 年）十月，皇太極避開在山海關一帶防守的袁崇煥，親率大軍從西路進犯北京。袁崇煥得訊，火速率兵回師勤王。皇太極打不過袁崇煥，於是施用反間計使崇禎懷疑袁崇煥通敵，崇禎不辨真假，於敵軍兵臨城下之際將相當於北京城防總司令的袁崇煥打入牢獄，然後派太監向城外袁部將士宣讀聖旨，說袁崇煥謀叛，只罪一人，與眾將士無涉。袁崇煥部下眾兵將聽聞此訊在城下大哭。祖大壽與何可綱驚怒交加，立即帶了部隊回錦州，決定不再為皇帝賣命。當時正在兼程南下馳援的袁崇煥主力部隊，在途中得悉主帥無罪被捕，也立即掉頭而回。

　　崇禎見袁崇煥的兵將不理北京的防務，不由得驚慌失措，忙派內閣全體大學士與九卿到獄中，要袁崇煥寫信招祖大壽回來。袁崇煥雖然心中不服，但終究以國家為重，寫了一封極誠懇的信，要祖大壽回兵防守北京。這時候祖大壽已率兵衝出山海關北去，崇禎派人飛騎追去送信。追到軍前，祖大壽軍中喝令放箭，送信的人大叫：「我奉袁督師之命，送信來給祖總兵，不是朝廷的追兵。」祖大壽接過來信，讀

了之後下馬捧信大哭，眾兵將都放聲大哭。這時祖大壽之母也在軍中，她勸祖大壽說：「本來以為督師已經死了，我們才反出關來，謝天謝地，原來督師並沒有死。你打幾個勝仗，再去求皇上赦免督師，皇上就會答允。現今這樣反了出去，只會加重督師的罪名。」祖大壽認為母親的話很有道理，當即回師入關，和清兵接戰，收復了永平、遵化一帶，切斷了清兵的兩條重要退路，皇太極被迫全線撤退。

按祖大壽的想法：我是袁督師的部下，督師令我回師保衛北京，我二話不說就率兵回來了，皇上應該因此放了袁督師吧！可是不幸得很，打退清軍之後，崇禎沒有如祖大壽等人所願放了袁崇煥，最終對袁崇煥處以凌遲酷刑。可見祖大壽當初回師北京的策略並沒什麼用。

那麼祖大壽錯在什麼地方呢？顯然，在這裡，崇禎把袁崇煥給祖大壽的親筆信當成了與祖大壽等將士談判的籌碼，可是祖大壽卻沒有好好利用自己的討價還價資本。祖大壽的討價還價能力是什麼呢？就是此時崇禎唯一害怕的清軍攻入北京城，而只有他手上的這支軍隊才能解除北京城的危險。只要清兵一天不退，崇禎就一天不敢殺袁崇煥，因為這時殺了袁崇煥，袁部將士必將不再保衛京師。此時如果祖大壽以「不釋放袁崇煥，薊遼將士絕不奉詔」來要挾崇禎，或許可能迫使崇禎釋放袁崇煥，由他率兵退敵。而祖大壽之母

的主張，實際上就是在自己有討價還價資本的時候不去討價還價，而等失去討價還價能力的時候再向對方提要求。如果對方是君子還好，如果對方是小人，那麼他自然不會再讓步了。事實也是如此，皇太極撤兵後，祖大壽上書皇帝，表示願削職為民，以自身官階及軍功請贖袁崇煥之「罪」；袁崇煥部將何之壁率同全家四十多口到宮外請願，表示願意全家入獄換袁崇煥出獄。但此時強敵已去，崇禎再無顧忌，對祖大壽等人所請一概不准。

如果你想使一件事情按照你預想的方向發展，那麼你就應該預見你所採取的行為可能帶來的惡果，並且在自己還有討價還價資本的時候充分運用。比如一個客戶要求某廠商趕製一批裝置，那麼廠商一定要在正式開工前把各種條件都談妥，如果把工作完成了再去與客戶談條件，你將可能處於極其不利的位置，至少你已失去了談判中的討價還價能力。

◆

分蛋糕博弈啟示

「花開堪折直須折，莫待無花空折枝」，如果把這句唐詩用在討價還價博弈中，我們就可以解讀為：一定要趁你還有討價還價資本的時候運用它，等到你失去了這種資本，你開出的條件將會很難再被對方所考慮，你將在這場博弈中獲得最小的收益。

第十三章

ESS 策略 —— 適應進化規則的博弈策略

　　ESS 策略即演化穩定策略，是指種群的大部分成員所採取的某種策略。因為占群體絕大多數的個體選擇演化穩定策略，所以小的突變者群體就不可能侵入這個群體。或者說，在自然選擇壓力下，突變者要麼改變策略而選擇演化穩定策略，要麼退出系統，在進化過程中消失。演化穩定策略的好處為其他策略所不及。動物個體之間常常為各種資源（包括食物、棲息地、配偶等）競爭或合作，但競爭或合作不是雜亂無章的，而是按一定行為方式（即策略）進行的。

| 不能改變環境，就要適應環境 |

　　荒原上佇立著四座簡易房，這就是某軍團五班。班裡有四個成員：班長老馬，列兵李夢、薛林、老魏，他們的任務是「看守」深埋在地下五公尺的輸油管道，以保證野戰部隊訓練時的燃油供給。

　　這是一個根本沒人管你在幹什麼的地方，怎麼表現也沒人看得見。每個人要想在這裡度日，就必須適應無所事事的生活，必須給自己找點樂趣來打發時間。班長老馬本來是三連最好的班長，連裡派他來五班原本是對他寄予厚望，希望他能帶好這裡的幾個兵。可是到這裡不到一年半的工夫，老馬已經和這裡的兵沒有兩樣，因為他明白了一個「道理」：這方圓幾十公里就這幾個人，想好好待下去，就得明白多數人是好，少數人是壞。所以這裡沒有軍事訓練，沒有軍規軍紀，沒有上級下級，幾個人每天在這裡基本上靠打牌度日 —— 總之，在這種環境下，班長沒有班長的樣子，兵沒有兵的樣子，軍營沒有軍營的樣子，宿舍沒有宿舍的樣子。大家對這種狀況早已習慣，並且習慣得心安理得。

　　直到有一天，這裡來了個木訥而腳踏實地的新兵許三

多，他一切都是按新兵連的要求來要求自己。到這裡的第二天早上，許三多把自己的被子疊得整整齊齊，把宿舍收拾得乾乾淨淨，出去跑步、踢正步去了，一個星期如此，一個月如此……他不但把自己的內務整理得一絲不苟，而且還幫其他幾個戰友整理內務，因為他在新兵連的班長曾經對他講過「在內務問題上要互相幫助」。

許三多所做的一切換來的是另外三個兵的敵視甚至是仇視，因為他們無法再像以前那樣隨便坐床、躺床，無法再心安理得地混日子。於是他們對許三多冷嘲熱諷。班長老馬明白許三多是正確的，但他知道幾個人要想在這裡和睦共處，首要的是團結，因此只能信奉「大多數人是對的，少數人是錯的」這一原則。他曾經試圖給許三多講故事以說明這個道理：「狗欄裡關了五條狗，四條狗沿著順時針方向跑圈，一條狗沿著逆時針方向跑圈。後來順著跑的四條都有了人家，逆著跑的那條被宰了吃肉，因為逆著跑那條不合群、養不熟，四條狗……不管怎麼說，它們的價值也是一條狗乘以四。」

然而，老實、木訥且極認死理的許三多沒有被班長說服，反而把班長的一句玩笑當作命令，開始獨自在營地修一條路——以前動用一個排的兵力沒有修成的路。就這樣，一個人修路，三個人破壞，老馬也曾想讓許三多放棄修路，但

終究還是接受了事實。到最後，許三多硬是一個人修了一條路，他以實際行動教育了四個老兵，五班的面貌也開始慢慢有了改觀。

　　這就是某影視作品中的情節，這段故事中處處可以看見賽局理論中「ESS 策略」的影子。

　　ESS 是英文 Evolutionarily Stable Strategy 的縮寫，其中文譯為「演化穩定策略」。這一概念的提出歸功於約翰・梅納德・史密斯（John Maynard Smith）和普萊斯（George Robert Price）在西元 1973 年所寫的〈動物衝突的邏輯〉一文，其中心思想是「種群的大部分成員採取某種策略，這種策略的好處為其他策略所不及」。通俗地講，就是對某個個體而言，最好的策略取決於大多數成員在做什麼。

　　雖然進化穩定性準則是一個生物學上的概念，但是演化穩定策略被人們看成是傳統習慣或已經確立的行為規則。比如，社會風氣、企業管理模式等，都可以視為某種人類群體的規則，而極個別的人群社會行為、習氣的變化就會被認為是「變異」。如果占群體絕大多數的個體選擇演化穩定策略，那麼小的突變者群體就很難（幾乎是不可能）侵入這個群體。然而，如果那些極少數的人群或企業的收益比不變異的人群或企業高，那麼這些變異分子會生存得更好；反之，則被淘汰。

　　比如上述提到的那部影視作品中草原上的班，大多數成員選擇打牌「混日子」，而新兵許三多選擇「做有意義的事」，那麼在一般情況下，身為「侵入者」的許三多是不可能融入，也不可能改變那個「天兵」群體的，因為他採取的是與大多數人相反的策略。所以，剛開始來五班時他被視為「異類」，而且五班的人認為他的行為堅持不了幾天，正像許三多剛來五班沒幾天時李夢所「思考」的那樣：「人的慣性和惰效能延續多長時間，這個新兵能一直做他的那些內務到什麼時候？」

　　但是，演化穩定策略還包含這樣一個重要思想：如果突變個體得到的收益大於原群體中個體所得到的收益，那麼這個變異策略就能夠侵入這個群體；反之，就不能侵入這個群體並在進化過程中消失。如果一個群體能夠消除任何突變個體的侵入，那麼就稱該群體達到了一種進化穩定狀態。班長老馬起初也是作為一個「突變個體」來到五班，但他沒能成功「侵入」，而是「在進化過程中消失」了，也就是和那些天兵變得沒什麼兩樣了；而許三多也是一個「突變個體」，他則成功地「侵入」了五班，改變了五班的風貌，有了這樣的底子，後來成才當了五班班長以後，以往沒有任何人在意的荒原上的五班成了訓練部隊寧可繞道都要來的休憩之地。

ESS 策略啟示

　　要麼你適應環境，被環境改變，也就是說，在大家都這麼做的時候，你最好也這麼做，因為這是最省事、最方便且風險最小的策略；要麼你改變環境，這很難甚至幾乎不可能，但一旦環境隨著你的策略改變，你就是新規則的制定者。

無法擺脫的「路徑依賴」

　　春秋時期，齊桓公經常在宰相管仲的陪同下到處視察。一天，他們來到馬棚，齊桓公一見養馬人就關心地詢問：「馬棚裡的大小諸事，你覺得哪一件事最難？」養馬人一時難以回答。這時，在一旁的管仲代他回答道：「從前我也當過馬伕，依我之見，編排用於攔馬的柵欄這件事最難。」

　　齊桓公奇怪地問道：「為什麼呢？」

　　管仲說道：「因為在編柵欄時所用的木料往往曲直混雜。你若想讓所選的木料用起來順手，使編排的柵欄整齊美觀、結實耐用，開始的選料就顯得極其重要。如果你在下第一根樁時用了彎曲的木料，隨後你就得順勢將彎曲的木料用到底，筆直的木料就難以啟用。反之，如果一開始就選用筆直的木料，繼之必然是直木接直木，曲木也就用不上了。」

　　管仲雖然說的是編柵欄建馬棚的事，但其用意是講述治理國家和用人的道理：如果從一開始就做出了錯誤的選擇，那麼後來就只能將錯就錯，很難糾正過來。管仲不愧是一位出色的政治家，他在寥寥數語之中，揭示了社會 ESS 策略的形成，也就是被後人稱為路徑依賴的社會規律：人們一旦做

了某種選擇，這種選擇會自我加強，有一個內在的東西在強化它，一直強化到它被認為是最有效率、最完美的選擇。這就好比走上了一條不歸路，人們不能輕易偏離。

　　科學家曾經做過這樣一個試驗，來證明這一規律。他們將四隻猴子關在一個密閉房間裡，每天餵很少的食物，讓猴子餓得吱吱叫。然後，實驗者在房間上面的小洞放下一串香蕉，一隻餓得頭昏眼花的大猴子一個箭步衝向前，可是它還沒拿到香蕉時，就觸動了預設機關，被潑出的熱水燙得全身是傷。後面三隻猴子依次爬上去也想拿香蕉時，一樣被熱水燙傷。於是眾猴只好望蕉興嘆。

　　幾天後，實驗者用一隻新猴子換走一隻老猴子，當新猴子肚子餓得也想嘗試爬上去吃香蕉時，立刻被其他三隻老猴子制止。過了一段時間，實驗者再換一隻新猴子進入，當這隻新猴子想吃香蕉時，有趣的事情發生了，不僅剩下的兩隻老猴子制止它，連沒被燙過的那隻猴子也極力阻止它。

　　實驗繼續，當所有猴子都已被換過之後，沒有一隻猴子曾經被燙過，熱水機關也被關了，香蕉唾手可得，卻沒有猴子敢去享用。為什麼會出現這種情況呢？

　　在回答這個問題之前，我們先來看一個似乎與此無關的問題。大家知道現代鐵路兩條鐵軌之間的標準距離是四英呎又八點五英寸（143.5 公分），但這個標準是從何而來的呢？

　　早期的鐵路是由建電車的人設計的，而四英呎又八點五英寸正是電車所用的輪距標準。那電車的輪距標準又是從何而來的呢？這是因為最先造電車的人以前是造馬車的，所以電車的標準是沿用馬車的輪距標準。馬車又為什麼要用這個輪距標準呢？這是因為英國馬路轍跡的寬度是四英呎又八點五英寸，所以如果馬車用其他輪距，它的輪子很快會在英國的老路上撞壞。原來，整個歐洲，包括英國的長途老路都是由羅馬人為其軍隊所鋪設的，而四英呎又八點五英寸正是羅馬戰車的寬度。羅馬人以四英呎又八點五英寸為戰車的輪距寬度的原因很簡單，這牽引一輛戰車的兩匹馬屁股的寬度。

　　馬屁股的寬度決定現代鐵軌的寬度，一系列的演進過程，十分形象地反映了路徑依賴（Path dependence）的形成與發展過程。

　　「路徑依賴」這個名詞，是美國史丹佛大學教授保羅‧戴維（A.David Paul）在《技術選擇、創新和經濟增長》一書中首次提出的。西元 1980 年代，戴維與阿瑟‧布萊恩（William Brian Arthur）教授將路徑依賴思想系統化，很快使之成為研究制度變遷的一個重要分析方法。他指出，在制度變遷過程中，由於存在自我強化的機制，這種機制使得制度變遷一旦走上某一路徑，它的既定方向就會在以後的發展中得到強化。即在制度選擇過程中，初始選擇對制度變遷的

軌跡具有相當強的影響力和制約力。人們一旦確定了一種選擇，就會對這種選擇產生依賴性；這種初始選擇本身也就具有發展的慣性，具有自我累積放大效應，從而不斷強化自己。

這也可以解釋前文的猴子實驗。由於取食香蕉的懲罰印象深刻，因此雖然時過境遷、環境改變，後來的猴子仍然無條件服從對懲罰的解釋與規則，從而使整體進入路徑依賴狀態。

路徑依賴理論被總結出來之後，人們把它廣泛應用在各個方面。在現實生活中，由於存在報酬遞增和自我強化的機制，這種機制使人們一旦選擇走上某一路徑，要麼進入良性循環的軌道加速優化，要麼順著原來的錯誤路徑往下滑，甚至被「鎖定」在某種無效率的狀態下而導致停滯，想要完全擺脫也變得十分困難。

◆
ESS 策略啟示

每個人的一生都會面臨許多選擇，多年前的一次選擇，可能會決定你一生的軌跡，因為你會沿著這條選擇的道路去發展；路徑依賴的玄妙之處正在於此。事實上，我們每個人都難以完全擺脫它，所以只能把握住自己選擇的力量，比如選擇財富、環境、好心情、過有意義的生活……

習慣變成依賴，就無法改變

　　亞太經濟合作（Asia-Pacific Economic Cooperation，簡稱 APEC）在上海開會期間，某電視臺做了一次訪談節目，一個美國投資人說了一句話：「我們美國人吃香蕉是從尾巴上剝，中國人則是從尖頭上剝，差別很大，但沒有誰一定要改變誰的必要。」世界上許多事，國家之間的大事、人與人之間的小事，許多都與這個「從哪一邊吃香蕉」的問題有相似的地方 —— 各持一端，也許都有道理。一個人很難讓自己改變剝香蕉的習慣。

　　無論懶惰者還是勤勉者，都可以養金魚。勤勉者可以每天換一次水，懶惰者可以一月一換。只是如果突然改變換水的習慣，變一天為一月，或變一月為一天，金魚都可能莫名其妙地死去。勤勉者據此得出結論 —— 金魚必須一天一換水；懶惰者得出完全相反的結論 —— 金魚只能一月一換水。

　　這就如跟我們剝香蕉的方式，很多人之所以急於改變，其實是出於一種自卑與短視。如果遇到難以改變的，我們不妨先試試換個角度去想，它是不是香蕉的問題？如果是，那麼既然香蕉可以從兩邊吃，那麼這種改變又有什麼必要呢？

　　在人們的生活中，存在著種種慣例，也就是海耶克（Friedrich August von Hayek）所說的規範人們社會活動與交往的「未闡明的規則系統」，儘管它不像種種法律法規和規章制度那樣是一種成文的、正式的、由第三者強制實施的硬性規則，而是一種非正式規則、一種「非正式約束」，但是它巨大的影響力卻是不容忽視的。

　　在《制度經濟學》（*Institutional economics*）一書中，作者康芒斯（John Rogers Commons）指出：「至於某些習俗，像商譽、同業行規、契約的標準形式、銀行信用的使用、現代穩定貨幣的辦法等，這一切都稱為『慣例』，好像習俗與慣例有一種區別似的。可是，除了所要求的一致性和所允許的變化性的程度不同之外，並沒有區別。」接著，康芒斯還舉例道，在現代社會中使用銀行支票的慣例，其強迫性不下於在歐洲中世紀佃農在領主土地上服役的習俗。一個現代商人不能自由使用現金，而必須用銀行支票，這很像佃農不能自由地跟俠盜羅賓漢想加入就加入一樣。如果一個現代商人拒絕收付銀行支票，他根本就不能繼續生存。許多其他的現代慣例，也有同樣的情況。如果一個工人在他人都七點準時上班的情況下八點才到，就不能保住他的飯碗。

　　ESS 策略能提供給博弈的參與者一些確定的訊息，因而它也就能造成節省人們在社會活動中的交易費用的作用。最

明顯的例子是格式合約。格式合約又稱標準合約、定型化合約，是指當事人一方預先擬定合約條款，另一方只能表示全部同意或不同意。因此，對於另一方當事人而言，要訂立合約，就必須全部接受合約條件。現實生活中的車票、船票、飛機票、保險單、提單、倉單、出版合約等都是格式合約。在進行一項交易時，只要交易雙方簽了字就產生了法律效力，也就基本上完成了一項交易活動。這種種契約和合約的標準文字，就是 ESS 策略或稱慣例。

我們可以想像，如果沒有這種種標準契約和合約文字，在每次交易活動之前，各交易方均要找律師起草每份契約或合約，並就各種契約或合約的每項條款進行談判、協商和討價還價，如果是這樣的話，任何一種經由簽約而完成的交易活動的交易成本將會高得不得了。

《華爾街日報》（*The Wall Street Journal*）曾經有一篇文章分析中國人中秋節互贈月餅的禮儀。若干年以前，每塊 1/4 磅（約 113 克）重的月餅——最常見的餡是由蓮蓉、糖、油組成的，這是貴重的禮品、稀罕的美食，人們把月餅精心地儲存到寒冷的冬季，即大多數人僅能吃上大白菜的時令。不過，中國人現在富裕了，月餅變得更像是累贅而非禮品了。就像美國的聖誕節水果蛋糕一樣，蛋糕被人們送來送去，直到節日終了，最後一個收到蛋糕的人就不得不吃了

它，或者悄悄地扔掉。

在人們天天只能吃大白菜的時代裡，月餅是一種有意義的禮品，很受歡迎。令人困惑的是，人們為什麼要在收到月餅之後回贈月餅，而不是食用自己買的或做的月餅？答案在於，月餅贈予是人們傳遞給朋友、親屬、同事的訊號，以此表明自己是良好的合作者。像其他非貨幣贈予一樣，月餅一方面對贈予人來說是成本高昂的，另一方面對受贈人來說又價值不大 —— 它淹沒在了源自人際關係的合作收益之中。

為什麼贈送月餅而不是其他什麼東西成了一種訊號？答案是，人們今年相互贈送月餅，是因為他們去年就相互贈送月餅。在任何時間，人們的行為必須符合此前一段時間的預期。如果他們不這樣做的話，那麼其他人就會開始懷疑他是否想延續某一關係。

ESS 策略啟示

就像前文中提到的馬屁股的寬度決定美國鐵路標準寬度一樣，很久以前歷史上的某個偶然事件，到了今天承受它的人這裡，就成了一種無法改變的必然。同樣，你今天一個看似充滿偶然性的選擇，會在很久以後的某個日子為你帶來重大影響。

充分利用榜樣的力量

齊桓公即位不久，齊國剛剛經歷大動亂，全國百業凋敝、貧富懸殊。而天公偏不作美，在這樣的景況下，齊國又鬧起了饑荒，齊桓公一籌莫展，就找管仲來商量對策。

齊桓公說：「這次的饑荒面積很廣，許多流民衣不蔽體、食不果腹，如果能讓各地的官員大夫拿出自己的存糧，就地安置流民，齊國根本不會像現在這樣慌亂不堪。可是這些大夫也真是可惡，全在藉著饑荒大肆聚斂財物，卻沒一個肯拿出一點點來的，寧可讓糧食在府裡腐爛，也不願拿出來散發給那些極為缺糧的老百姓們。就這樣眼睜睜看著百姓受苦、大夫們逍遙嗎？仲父，您可有對策？」

管仲說：「請大王下令招來城陽大夫質問。」齊桓公大惑不解，奇怪管仲絲毫不理會怎樣解決百姓的口糧問題，反倒提起一個不相干的大夫，不禁問：「為什麼要問他呢？」管仲回答說：「城陽大夫所寵愛的嬌妻美妾們穿著華貴的服飾，每一件都可以供普通的四口之家一年溫飽無虞。家中所養的鵝和鴨子都能吃上黃米飯。在家裡，他經常鳴鑼奏樂、歌舞昇平、尋歡作樂、奢侈淫逸、大擺筵席。而那些同姓的

兄弟卻無衣禦寒、無食果腹，這樣的人，連家人尚且如此對待，還能指望他在官位上盡忠國家、愛護百姓嗎？」

齊桓公一聽甚覺有理，便下令招來城陽大夫，罷免了他的官職，查封了他的家產，並且不准他隨意走動。那些有功受賞的官宦人家得知此事原委後，都爭先恐後地把自己囤積起來的糧食和布匹發放給遠親近鄰以及那些寒苦無依的人們。有的大夫覺得這還不夠，乾脆把那些貧困、病殘、孤獨、老邁的人們通通收養起來。從此齊國再也找不到飢餓的窮苦人了。

又過了幾年，齊國風調雨順，年景很好，可是到了收穫的季節，糧價卻下跌得厲害。齊桓公深恐這樣下去就會使本國的糧食流向其他國家，便再次向管仲求教對策。管仲說：「今天我從鬧市經過時，看到又有兩家大糧倉落成了，主公您如果能讓這兩個糧倉的主人出來當官，全國肯定都知道囤糧可以當官，那麼必定有很多人自願出資修建糧倉、囤積糧食，這樣一來糧食自然不會外流他國了。」齊桓公聽從了管仲的建議。

於是，全國上下都知道修築糧倉囤積糧食可以當官，那些有錢人家便紛紛拿出大筆大筆的錢來購糧，爭當存糧的模範。京城中驟然建起了很多大糧倉，糧價暴跌的問題很快就隨之解決了。

　　實際上，管仲的這種做法，包含著很深刻的賽局理論智慧。榜樣的力量是無窮的，不要以為這句話老套過時，其實當中確實蘊含了相當重要的真理。無論是好事還是壞事，只要有了先例，就會有人跟風而動。管仲懲治了城陽大夫，相當於向與城陽大夫一樣奢侈淫逸、囤積居奇的官員們敲響了警鐘，也就是所謂的「殺雞儆猴」。剛開始的時候，那些官員們獻出自己的財物、糧食都很是「肉痛」，可是隨著獻的人越來越多、獻的數量越來越大，不獻的人再也坐不住。這如同單位組織捐款一樣，大家都捐你不捐，你肯定是後進者。而管仲的後一個做法是擢升尋常百姓，給了全國有錢人一個重要訊息：存糧是政府所鼓勵的，存糧可以得到官職。可以說，管仲的前後兩個做法充分利用了榜樣的作用，讓人們看到了該做什麼不該做什麼，從而達到了齊桓公放糧和囤糧的目的。

◆

ESS 策略啟示

　　榜樣的力量是無窮的，這種效應對於形成演化穩定策略具有奇效。這種情形在日常生活中隨處可見。比如對先進人物的宣傳與褒獎、對違法者施以制裁等，透過這些示範作用，讓人們得知什麼行為是值得提倡的，什麼行為是絕對禁止的，久而久之，那些受到褒獎的與受到制裁的行為，都會形成一個演化穩定策略。

第十四章

公共知識 —— 將事實變為共識的博弈策略

公共知識是某一群體對某個事實「知道」的結構，即在某個特定群體中，你知道某個事實，我也知道某個事實，而且「我知道這個事實」的事實為你所知曉，而「你知道這個事實」的事實也為我所知曉。這種情況下，這個「事實」就被稱為你與我的「公共知識」。賽局理論中，公共知識對由已知推斷未知、由別人的反應推斷自己當下的處境，以及減少交易成本等方面起著很大的作用。

明確公共知識，才能有效溝通

公共知識這個概念最初由邏輯學家劉易斯（Lewis Coser）提出，之後由經濟學家阿曼等用於博弈分析。它指的是一個群體之間對某個事實「知道」的關係。在日常生活中，許多事實是公共知識，如「所有人均會死」，這件事所有人均知道（智力障礙者及嬰兒除外），並且所有人知道其他人知道，其他人也知道別人知道他知道……

有許多知識只有一些人知道，則不能稱為公共知識。比如一些科學家知道的知識是其他人所不知道的，而且各個科學家知道的知識不同。可以說，知識的分布在各個人那裡是不同的。

在博弈中，「每個參與者是理性的」，這是公共知識。為什麼？因為這是博弈前提 —— 也是我們的假定。在具體博弈中，參與者知道對方是理性的，同時知道對方知道自己知道對方是理性的。參與者知道自己是理性的，他知道自己知道自己是理性的；同時參與者知道對方知道自己知道自己是理性的……

對博弈來說，「參與者是理性的」是最基本的公共知識

要求。對於像囚徒困境這樣的博弈，雙方不同策略下的支付也是公共知識；曹操和諸葛亮在華容道上在博弈雙方的策略下的支付也是公共知識。

在有些博弈中，各種策略下的支付不能稱為公共知識。比如在商戰中，相互競爭的雙方不知道對方在各種產量下的利潤，此時，策略下的支付不是公共知識。

這裡不分析社會行動者的知識結構，因為這非常困難。只是想說明，知識的不同是非常重要的。

一個群體中的每個人的知識是其現實行動的因素。在社會中，知識分布決定了社會的結構，當然，權力的分布和訊息的分布是另外的決定行動的因素。在群體的行動中，公共知識改變了，群體的均衡便發生了改變。

上述分析有些抽象，讀起來令人乏味，現在讓我們來看看公共知識具體應用的例子。通過這個例子，你就能明白什麼是公共知識，怎樣用它來分析身邊的社會現象。

《三國演義》第四十六回描述了赤壁之戰前，周瑜與諸葛亮定計用火攻破曹操的故事，書中這樣寫道：

瑜邀孔明入帳共飲。瑜曰：「昨吾主遣使來催督進軍，瑜未有奇計，願先生教我。」孔明曰：「亮乃碌碌庸才，安有妙計？」瑜曰：「某昨觀曹操水寨，極是嚴整有法，非等閒可攻。思得一計，不知可否。先生幸為我一決之。」孔明

日：「都督且休言。各自寫於手內，看同也不同。」瑜大喜，教取筆硯來，先自暗寫了，卻送與孔明；孔明亦暗寫了。兩個移近坐榻，各出掌中之字，互相觀看，皆大笑。原來周瑜掌中字，乃一「火」字；孔明掌中，亦一「火」字。

在諸葛亮和周瑜未在掌中寫出「火」字之前，或者儘管他們在掌中寫出「火」字但沒有互相觀看之前，火攻曹操為一個致勝的妙計是他們兩個人都知道的，但是當時周瑜不知道諸葛亮已經知道這個策略，諸葛亮也未必知道周瑜已經知道這個策略。還有一種可能，諸葛亮知道周瑜知道這個策略，但周瑜以為諸葛亮不知道他知道這個策略。而當兩人在手中寫出「火」字並互相觀看之後，那麼他們不但彼此都知道這個策略，而且彼此都知道對方已經知道自己也知道了這個策略，因此「火攻」就是周瑜與諸葛亮的公共知識。

關於公共知識的解釋，聽起來好像繞口令，又有些乏味，但在生活中，如果錯把一個並非公共知識的事實當成了公共知識，那麼就會發生很多誤會或麻煩。比如你要去一個陌生的地方拜訪一個朋友，朋友告訴你路線：在某某處左轉，到了某某處再右轉，再過幾個路口……在朋友看來，他交代得很清楚，但你聽來卻可能是一頭霧水。為什麼呢？因為朋友把你並不熟悉的環境當成了你們的公共知識，他以為你知道這裡的環境，所以他那樣一說，你馬上就知道他家住

在哪裡。可是到了你去的時候，很可能在路上還是要打電話給他來問路。這時指路的會認為問路的太笨，「怎麼這麼簡單的話都聽不明白」；而問路的又會抱怨指路的表達不清楚，「我又不熟悉這裡的環境，你這樣說讓我如何去找」。如果雙方都有些小心眼，就很可能產生不愉快的情緒。

◆

公共知識啟示

知識的分布在每個人那裡是不同的，你熟悉的情形，別人不一定熟悉；你掌握的知識，別人不一定掌握；而別人知道的，你也不見得知道。更有可能的是，雖然你們彼此都知道，但又不知道「彼此都知道」這一事實；或者 A 知道，B 不知道，但 A 誤以為 B 也知道且 B 知道 A 也知道……只有分清哪些是公共知識，在生活中才會盡可能地與他人進行有效的溝通，減少不必要的誤會與摩擦。

誰也不能做你的鏡子

　　約翰和傑克去清掃一個大煙囪。那煙囪只有踩著裡面的鋼筋踏梯才能上去，傑克在前面，約翰在後面，抓著扶手一階一階地爬上去了。下來時，傑克依舊走在前面。於是，鑽出煙囪時傑克的臉上全被煙囪裡的煙灰蹭黑了，而約翰臉上竟連一點煙灰也沒有。

　　約翰看見傑克的模樣，心想自己一定和他一樣髒，於是就到附近的小河邊洗了又洗。而傑克看見約翰乾乾淨淨，就以為自己也一樣乾淨，只草草地洗了洗手就上街了。街上的人都笑痛了肚子，還以為傑克是個瘋子呢。

　　傑克後來對兒子說：「其實誰也不能當你的鏡子，只有自己才是自己的鏡子。拿別人當鏡子，白痴或許會把自己照成天才。」

　　這個故事讀來妙趣橫生，發人深省。故事的最後一段話，固然可以說明自我觀照的重要，但是我們難道真的不能把別人當自己的鏡子嗎？

　　在回答這個問題之前，我們先來看賽局理論中一個著名模型：髒臉博弈。假定在一個房間裡有三個人，三個人的臉

都很髒，但是他們只能看到別人而無法看到自己。這時，有一個美女走進來，委婉地告訴他們說：「你們中至少有一個人的臉是髒的。」這句話說完以後，三個人彼此看了一眼，沒任何反應。

美女又問了一句：「你們知道嗎？」當他們彼此打量第二眼的時候，突然意識到自己的臉是髒的，因而三張臉一下子都紅了。為什麼？

當只有一張臉是髒的時候，一旦美女宣布至少有一張髒臉，那麼臉髒的那個參與人看到兩張乾淨的臉，他馬上就會臉紅。而且所有參與人都知道，如果僅有一張髒臉，臉髒的那個人一定會臉紅。

在美女第一次宣布時，三個人中沒人臉紅，那麼每個人就知道至少有兩張髒臉。如果只有兩張髒臉，兩個髒臉的人各自看到一張乾淨的臉，這兩個髒臉的人就會臉紅。而此時如果沒有人臉紅，那麼所有人都知道三張臉是髒的，因此在打量第二眼的時候所有人都會臉紅。

即便沒有美女的宣布，參與者也知道至少有一個人的臉是髒的。為什麼美女的一句看似無用的話，三個人就都知道自己的臉是髒的呢？這就是公共知識的作用。美女的話所引起的唯一改變，是使一個所有參與人事先都知道的事實成為公共知識。

在靜態博弈裡，沒有一個博弈者可以在行動之前得知另一方的整個計畫。在這種情況下，互動推理不是通過觀察對方的策略進行的，而是必須透過看穿對手的策略才能展開。要想做到這一點，單單假設自己處於對手的位置會怎麼做還不夠。即便你那樣做了，你會發現，你的對手也在做同樣的事情，即他也在假設自己處於你的位置會怎麼做。每一個人不得不同時擔任兩個角色，一個是自己，一個是對手，從而找出雙方的最佳行動方式。為了對這一點加深了解，我們來看下面這個試題。

有 3 頂黑帽子、2 頂白帽子。讓三個人從前到後站成一排，給他們每個人頭上戴一頂帽子。每個人都看不見自己戴的帽子的顏色，只能看見站在前面那些人的帽子的顏色。最後那個人可以看見前面兩個人頭上帽子的顏色，中間那個人看得見前面那個人的帽子的顏色，但看不見在他後面那個人的帽子的顏色，而最前面那個人誰的帽子都看不見。

從最後那個人開始，問他是不是知道自己戴的帽子的顏色，如果他回答說不知道，就繼續問他前面那個人。現在最後面一個人說他不知道，中間那個人也說不知道，當問到排在最前面的人的時候，他卻說已經知道。為什麼？

這是公共知識的機制在發生作用。最前面的那個人聽見後面兩個人都說了「不知道」，他假設自己戴的是白帽子，

那麼中間那個人看見他戴的白帽子就會做如下推理：「假設我戴了白帽子，那麼最後那個人就會看見前面兩頂白帽子，因總共只有兩頂白帽子，他就應該明白他自己戴的是黑帽子。但現在他說不知道，就說明我戴了白帽子這個假定是錯的，所以我戴的是黑帽子。」問題是中間那人也說不知道，所以最前面那個人知道自己戴的是白帽子的假定是錯的，所以推斷出自己戴的是黑帽子。

在這個過程中，只有透過三個回合的揣摩，每個人才能知道其他人眼裡看到的帽子的顏色，從而判斷出自己頭上的帽子的顏色。

公共知識啟示

「想辦法不使一個知識成為公共知識」是維持某種均衡的一個有效辦法。正因如此，才會有「報喜不報憂」的現象。使一個知識成為公共知識，有助於人們識破謊言、走出幻境，從而更加清楚地認識客觀形勢與真實的自我。

小人的眼裡沒有君子

　　金庸在小說《雪山飛狐》中描寫了李自成的衛士胡、田、苗、範四個家族陰差陽錯結成世仇的故事，其中胡家是一派，另外三家是一派。苗家與田家交好，一次苗、田二人興高采烈地結伴出行，可是從此不見歸來。當時武林傳言，二人是被他們的世仇遼東大豪胡一刀所害，苗、田的後人苗人鳳與田歸農還為此大舉向胡一刀尋仇。可是後來，人們在一個藏有大批寶藏的冰山岩洞中發現了二人凍僵了的屍體，二人保持著生前最後的姿勢，各執匕首插在對方身上，一中前胸，一中小腹，原來二人並非胡一刀所殺，而是見到洞中珍寶，皆欲獨享而不願與對方平分，因而同時出手將對方殺死。

　　為什麼會出現這種局面呢，因為田、苗二人過於「理性」了。面對山洞中那筆臣大的財富，這兩個昔日的「好友」同時想：「我必須幹掉對方，才能獨吞這批財寶。」同時腦子裡頭又會迅速地理性思考：「我知道他知道我怎麼想，我也知道他怎麼想，並且我也知道他知道我怎麼想⋯⋯」這就是他們的公共知識。這時他們最好的選擇就是要搶先下

手，但是因為他們兩個人思考速度一樣快，理性程度一樣高，所以就會同時下手，兩個人就都死了，這也叫雙死的均衡。

我們可以看到，讓田、苗二人同時斃命的關鍵因素，就是公共知識的假設。還記得本書第二章中講的囚徒困境吧？兩個犯罪嫌疑人只要共同拒供，就可以避免坐牢，但現實中他們卻不約而同地選擇供認，「自願」坐牢，這就是出於對「公共知識」的認識：無論我是否供認，對方都將供認；而且對方知道，無論他是否供認，我也將選擇供認。也就是說，A 知道 B 知道這一情況，B 也知道 A 知道這一情況，而且 A、B 二人都知道彼此知道這一情況，所以二人同時選擇供認而坐牢，這與《雪山飛狐》中田、苗二人見到寶藏同時殺死對方的推論方法如出一轍。

說到這種推論方法，我們就有必要講述一下成語：「以小人之心，度君子之腹。」春秋時，有一年冬天，晉國有個梗陽人到官府告狀，梗陽大夫魏戊無法判決，便把案子上報給了相國魏獻子。這時，訴訟的一方把一些歌女和樂器送給魏獻子，魏獻子打算收下。魏戊對閻沒和女寬說：「主人以不受賄賂聞名於諸侯，如果收下梗陽人的女樂，就沒有比這再大的賄賂了，您二位一定要勸諫。」閻沒和女寬答應了。

退朝以後，閻沒和女寬等候在庭院裡。開飯的時候，魏

獻子讓他們吃飯。等到擺上飯菜,這兩人卻連連嘆氣。飯罷,魏獻子請他們坐下,說:「我聽我伯父說過,吃飯的時候忘記憂愁,您二位在擺上飯菜的時候三次嘆氣,這是為什麼?」閻沒和女寬異口同聲地說:「有人把酒賜給我們兩個小人,昨天沒有吃晚飯,剛見到飯菜時,恐怕不夠吃,所以嘆氣。菜上了一半,我們就責備自己說:『難道將軍(魏獻子兼中軍元帥)讓我們吃飯,飯菜會不夠嗎?』因此再次嘆氣。等到飯菜上齊了,願意把小人的肚子作為君子的內心,剛剛滿足就行了。」魏獻子聽了,覺得閻沒和女寬是用這些話來勸自己不要受賄,就辭謝了梗陽人的賄賂。

「以小人之心,度君子之腹」這句成語,就是從上面的故事演化而來的,它常用來指拿卑劣的想法推測正派人的心思。為什麼會有人「以小人之心,度君子之腹」呢?其原因被《笑傲江湖》中「君子劍」岳不羣一語道破:「自君子的眼中看來,天下滔滔,皆是君子。自小人的眼中看來,世上無一而非小人。」也就是說,「世上無一而非小人」在小人看來是公共知識,因此他就會以為君子的想法與他的想法相同。實際上,無論對方是君子還是小人,如果你一味地堅持「絕對理性」的小人之心,無非是讓人更加確定你是個小人而已。

公共知識啟示

　　帶著偏見去看一個人，那麼這個人一定沒有優點。我們衡量一個人、推斷一個人，要善於用自己的眼睛去看，用耳朵去聽，用頭腦去思考，不要憑藉第一印象，更不能用固有的標準。站在別人的立場上多想想，你就會發現，或許自己還不如對方。

第十五章

資訊博弈 —— 知己知彼的博弈策略

　　如果參與交易的一方對另一方了解不充分，那麼雙方便處於不平等地位，賽局理論稱之為「資訊不對等」。擁有資訊多的一方在博弈中占盡優勢，而擁有資訊量少的一方則處處被動。資訊經濟學認為，資訊不對等造成了市場交易雙方的利益失衡，影響了社會公平、公正的原則以及市場配置資源的效率。沒有資訊優勢的一方為了降低資訊不對等對自己的不利影響，可以透過一定的資訊甄別機制，將另一方的真實資訊甄別出來，從而實現有效率的市場均衡。

充分運用資訊不對等

西漢時期，北方匈奴勢力相當強大，不斷興兵進犯中原，「飛將軍」李廣此時正任上郡太守，奉命抵擋匈奴南進。有一天，皇帝派到上郡的一位使者（宦官）帶人外出打獵，沒想到卻遇到三名匈奴兵的襲擊，其他人都死了，只有宦官受傷逃回。李廣大怒道：「這一定是匈奴人的射鵰手。」於是親自率領一百名騎兵前去追擊。一直追了幾十里地，終於追上了他們，結果射殺了兩名，活捉了一名。可是正當準備回營時，忽然發現有數千名匈奴騎兵已經浩浩蕩蕩地向這裡衝來。匈奴隊伍也馬上發現了李廣，但看見李廣只有百名騎兵，以為是為大部隊誘敵的前鋒，一時不敢貿然攻擊，就急忙上山擺開陣勢，觀察動靜。

李廣的騎兵們非常恐慌，而李廣卻沉著地穩住了隊伍，他對大家說：「我們現在只有幾百騎，離我們的大營有幾十里遠。如果我們逃跑，匈奴肯定會立即追殺我們。如果我們按兵不動，敵人肯定會疑心我們後面有大部隊，他們絕不敢輕易進攻。現在，我們繼續前進。」到了離敵陣僅二里遠的

地方，李廣下令：「全體下馬休息。」士兵們於是卸下馬鞍，悠閒地躺在草地上休息，看著戰馬在一旁津津有味地吃草。這時匈奴部將感到十分奇怪，便派了一名軍官出陣觀察形勢。李廣立即命令大家上馬，衝殺過去，一箭就射死了這名軍官，然後又回到原地，繼續休息。

匈奴部將見此情形，更加恐慌，料定李廣如此胸有成竹，附近定有伏兵。當天黑下來以後，李廣的人馬仍無動靜。而匈奴部將怕遭到大部隊的突襲，慌慌張張地引兵逃跑了。這樣，李廣的幾百騎最終得以安全地返回大營。

可見，在展開心理博弈時，一定要充分掌握對方的心理和性格特徵，切記不可輕易出險招。因為「資訊不對等」的維持時間是有限的，如果沒有實力做後盾，戰果可能是有限的，有一則商戰的例子就很好地詮釋了這一點。

日本松下公司是由松下幸之助創辦的一個大型電器王國，但是松下在創立的 70 多年中，也多次遇到生存危機，其中有一次發生在西元 1950 年代的經濟危機中。當時日本出現經濟大下滑，不少企業已經難以支撐，松下也不例外。為此，松下公司召開了董事會研究對策。很多人提出公司應該裁員一半，此消息一出，更是鬧得人心惶惶。一起與松下做生意的公司，也在看著松下如何動作，看松下用什麼辦法渡過難關。

　　偏偏就在這個時候，松下幸之助患病住院了。於是，商界傳出許多謠傳，說松下已經病倒了，松下公司對渡過難關沒什麼辦法了。公司的兩位高級總裁到醫院去看望松下，想問問他有何對策，沒想到松下卻語出驚人：「我已經決定一個人也不減！不僅如此，職員們還要改為半天上班，但薪資仍依照以前發全天的。」

　　看到兩位高級總裁十分疑惑，松下幸之助接著說：「如果我們減人，別人就看出了我們的困難。他們就會趁機和我們講條件，如果我們不減人，則向外界表明，我們是有實力的，也是十分自信的，別人就不敢小看我們，不敢和我們競爭。」那兩位總裁還是有些擔心，但既然松下幸之助已經決定了，大家只好按照吩咐去做。

　　兩人回到總部，集合全體員工，一級一級地向下傳達松下幸之助的決定。員工們聽到這個決定都高聲歡呼起來，幾乎所有的人都發誓要盡全力為公司效力，公司上下出現了萬眾一心、共渡難關的場面。而當外界聽到松下公司不減一人，而且只上半天班、發全天薪資的做法時，也頓感松下不愧是日本第一大公司，定有靈丹妙藥和回天之力。結果，人心穩定之後，大家人人上陣，全力工作，只用了兩個月，松下的產品又全部推銷出去了。不但停止了半天工作制，而且還要加班加點才能把大批訂貨做出來。

　　處變不驚，從容應對，這便是松下高人一籌的地方。不過松下的實力也正是松下幸之助獲得成功的最大保證。總之，要跟對手玩「資訊不對等」，時間是需要好好把握的，勇於打破常規，自身實力也是越強越好。

資訊博弈啟示

　　資訊掌握得越快、越充分，獲得勝利的可能性就越大。當一方占有資訊優勢的時候，一定要及時、果斷地出手，充分地把握、利用這個時間差，這樣才可能取勝。另外，要和對方玩「資訊不對等」，自己也要有扎實的心理素養，不然可能就要露出馬腳了。

隱藏對自己不利的資訊

讓我們共同來看一下《三國演義》中的空城計：馬謖拒諫失街亭，蜀軍由攻轉守，形勢大變。魏軍十五萬直取蜀軍指揮部西城，城中僅剩諸葛亮等文官與二千五百軍士。危急時刻，諸葛亮傳令偃旗息鼓，門戶大開，眾老軍旁若無人，低頭灑掃於城門之下；諸葛亮焚香操琴於城門之上。司馬懿自馬上遠遠望之，見諸葛亮笑容可掬，不由得懷疑其中有詐，立即叫後軍作前軍，前軍作後軍，急速退去。

一座空城，嚇得司馬懿望風而逃。兩大高手的第一次交鋒，以諸葛亮的勝出而暫告結束。事後，雙方都對自己的策略選擇做出了解釋：面對司馬昭「莫非諸葛亮無軍，故作此態，父親何故便退兵？」的疑問，司馬懿的解釋是「亮平生謹慎，不曾弄險。今大開城門，必有埋伏。我兵若進，中其計也」。而司馬懿退兵後諸葛亮面對「無不駭然」的眾官說「此人（司馬懿）料吾生平謹慎，必不弄險；見如此模樣，疑有伏兵，所以退去。吾非行險，蓋因不得已而用之」。

空城計可以視為一個典型的資訊不對等博弈。在這裡，

諸葛亮可以選擇的策略是「棄城」或「守城」。無論是「棄」還是「守」，只要司馬懿明確知道諸葛亮的情況，那麼諸葛亮必然要為他所擒。可是問題的關鍵在於：司馬懿不知道自己和諸葛亮在不同行動策略下的選擇，而諸葛亮則是知道的。也就是說，二人對博弈結構的了解是不對稱的，諸葛亮比司馬懿擁有更多資訊，他知道自己兵微將寡，而司馬懿並不知道這一事實。同時諸葛亮又打出了「偃旗息鼓，大開城門」的心理戰以干擾司馬懿的判斷，從而讓司馬懿相信進攻有較大的失敗可能。

根據司馬懿已經掌握的資訊，諸葛亮一生行事謹慎，必不弄險，只有設下埋伏才能如此鎮定自若，因此，退卻比進攻更為合理。有人說司馬懿因為過於謹慎而錯失了活捉諸葛亮的良機，但是如果我們從賽局理論的觀點來分析，卻可以發現司馬懿的策略選擇並無過錯。比如讓你在「有50%的可能獲得100塊錢」與「有10%的可能獲得300塊錢」之間進行選擇，你會選擇哪一個呢？如果你是理性的，當然會選前者，因為前者的期望所得為50（100×50%）元，而後者則為30（300×10%）元。也就是說，在空城計的博弈中，司馬懿之所以選擇退兵，是因為以他對諸葛亮的了解，諸葛亮沒設埋伏的可能性為50%，而諸葛亮手中無兵的可能性只有10%，因此他認為冒險的成本太高。

　　但是，如果司馬懿能夠看到唐朝柳宗元所寫的寓言《黔之驢》，恐怕「空城計」就會是另一個結果。這個寓言是說，由於老虎沒有見過驢子，不知驢子為何方神聖、本事到底有多大，因此不敢輕易冒犯，只是遠遠地暗中窺探。幾經試探，老虎沒有發現這個「龐然大物」有什麼稀奇古怪的地方，於是又往前湊了湊進行試探，誰知惹惱了驢子，驢子抬腿就踢老虎。老虎終於因此得到準確資訊 —— 原來你就這麼點本事，於是撲上前把驢子吃掉了。

　　我們再回來看「空城計」，如果司馬懿不進攻也不退兵，等著諸葛亮出招，會是一種什麼結局呢？或者司馬懿做好隨時退兵的準備，但是先派小部隊發起試探性攻擊，相信會像《黔之驢》中的那隻老虎一樣，很容易就能探明諸葛亮的虛實。

◆ 資訊博弈啟示

　　在博弈中，應該極力隱藏對自己不利的資訊，不使對方知悉自己的真假虛實，從而利用資訊不對等原理使對方做出有利於自己的策略選擇。比如一位男士在與一位女士初次約會時，總要穿得盡量整潔；而另一方面，當你因掌握資訊不全面而難以決斷時，你可以通過試探的手段知悉對方的「廬山真面目」，要知道：一個人的本性如何，是無法長期偽裝的。

有效地傳遞出正面資訊

初唐大詩人陳子昂年輕時從家鄉四川來到都城長安，準備一展鴻鵠之志，然而朝中無人，他懷才不遇，四處碰壁，憂憤交加。

一天，陳子昂在街上閒逛，見一人手捧胡琴，以千金出售，觀者中達官貴人不少，然不辨優劣，無人敢買。陳子昂靈機一動，立刻付錢買下了琴，眾人大驚，問他為何肯出如此高價。陳子昂說：「我生平擅長演奏這種樂器，只恨未得焦桐，今見此琴絕佳，千金又何足惜。」眾人異口同聲道：「願洗耳恭聽雅奏。」陳子昂說：「敬請諸位明日到宣陽里寒舍來。」

次日，陳子昂住所圍滿了人，陳子昂手捧胡琴，忽地站起，激憤而言：「我雖無二謝之才，但也有屈原、賈誼之志，自蜀入京，攜詩文百軸，四處求告，竟無人賞識，此種樂器本低賤樂工所用，吾輩豈能彈之！」說罷，用力一摔，千金之琴頓時粉碎。還未等眾人回過神，他已拿出詩文，分贈眾人。眾人為其舉動所驚，再見其詩作工巧，爭相傳看，一日之內，便名滿京城。不久，陳子昂就中了進士，官至麟臺正字，右拾遺。

陳子昂所採取的策略，在賽局理論中被稱為「資訊傳遞」，也就是向公眾或特定的人發送某種訊號，使人認識到你的價值，或者了解到你的某種特性。

資訊傳遞策略在社會生活中有著廣泛的應用。我們都知道新加坡有「花園城市」之美譽，它最吸引人的地方就是其良好的綠化環境，這已成為其重要的旅遊吸引力之一。但這不是自然的巧合，而是精心規劃的結果。當新加坡還很貧困時，前總理李光耀是靠修剪整齊的灌木叢吸引到外資的。李光耀要求：從機場到各大飯店的道路一定要好好維護、整修，而他這麼做則是為了讓外國商人覺得新加坡人「能幹、守規矩又可靠」。

經過精心修剪的灌木叢當然無助於增加已有跨國公司在當地的投資，可是對於那些潛在的外國投資者來說，他們來到新加坡最先看到的便是從機場到飯店的灌木叢，而且與了解新加坡當時的貧窮或落後相比，這種整齊的灌木叢更容易看到。這些精明的投資者當然明白，新加坡當局知道他們會觀察從機場到飯店這條路的路況，因此，如果新加坡人連花工夫去整理這條路都做不到，這就表示這個國家將來也不會費心為外資制定什麼優惠政策。這些灌木叢就是新加坡要傳遞給外人看的直接資訊，也就是第一印象，可見第一印象對於人們做出判斷是多麼重要。

我們常常會通過封面來判斷一本書的品質。雖然評價書的內容要花一點時間，但封面的包裝卻只要幾秒鐘便能夠掌握。因此，一本書的封面製作得是否新穎、獨特，對於這本書的銷量會產生很大的影響。這也說明，資訊只有通過有效的途徑傳遞出去，並切實傳遞給你心中接收資訊的對象，你的目的才能達到。

在非洲大草原上，當瞪羚看見獵豹時，因為害怕被吃掉，會試圖逃跑，不過，當瞪羚發現獵豹時，反而經常會盡力跳向空中。瞪羚為什麼要向獵豹展示牠的跳高才藝呢？因為牠想經由跳高向獵豹傳遞一種資訊：我可以輕易地擺脫你的追逐，因此你最好不要浪費體力試圖撲殺我。獵豹雖然無法直接看出潛在獵物的體能，但它可以觀察獵物的表現。假設獵豹沒什麼機會抓到使出這一絕招的瞪羚，那麼不去追跳躍的瞪羚對獵豹來說就是「理性」的做法。如果瞪羚在跳躍時所消耗的體力比逃跑時更少，那麼跳躍在進化上就是很明智的策略。這就像一個武師拿起一塊磚頭砸向自己的腦門，自己安然無恙而磚頭粉碎，他是透過這種行為告訴挑釁者：我不是好惹的，要是你的腦袋沒有磚頭硬，那麼最好不要惹我。

資訊博弈啟示

　　有句俗語叫「有粉擦在臉上」，意思是說，只有把粉擦在臉上才能增添你的美麗。臉面是給人看的，如果把粉擦在別的地方，讓人很難看到，擦粉也就失去了意義。資訊傳遞也是一樣，以最直觀、最易懂的方式表現出來，才能收到最好的效果。

製造虛假資訊，迷惑對手

在博弈中，為了防止和干擾對方對己方資訊的蒐集和獲取，己方就有必要將一些虛假資訊「如實」地傳遞給對方，而如何完成這一工作，就不妨由對方派出的間諜來代勞了。這也即「反間計」的妙用：在發現敵人派來進行刺探和破壞的間諜時，為了藉機離間敵人，獲得情報，可以利用優厚的待遇收買他，也可以假裝沒有發現，故意把假情報透露給他，這樣敵人派來的間諜反為我所用，使我能在不受損失的情況下達到戰勝敵人的目的。

南宋初期，當時的宋高宗害怕金兵而不敢抵抗，朝中投降派得勢。可是主戰的著名將領宗澤、岳飛、韓世忠等人卻堅持抗擊金兵，使金兵不敢輕易南下。西元 1134 年，韓世忠奉命鎮守揚州。南宋朝廷派魏良臣、王繪去金營議和，當二人北上時正好經過揚州。韓世忠心裡極不高興，還生怕二人為討好敵人洩漏軍情；可他轉念一想，何不利用這兩個傢伙傳遞一些假情報給敵人呢。於是，等二人經過揚州時，韓世忠便故意派出一支部隊開出東門。二人看見，便好奇地忙問軍隊去向，有士兵回答說是開去防守江口的先鋒部隊。接

著二人就進了城，見到韓世忠。忽然一再有流星庚牌送到，韓世忠故意讓二人看，原來是朝廷催促韓世忠馬上移營守江的。

第二天，那二人離開揚州前往金營。為了討好金軍大將聶呼貝勒，他們果然告之他韓世忠接到朝廷命令，已率部移營守江。金將於是送二人往主帥金兀朮處談判，自己則立即調兵遣將準備南下。他們認為韓世忠既然已經移營守江，那麼揚州城內一定空虛，正好奪取，所以聶呼貝勒親自率領精銳騎兵向揚州挺進。而韓世忠送走二人，急令「先鋒部隊」返回，在揚州北面大儀鎮的二十多處地點設下埋伏，形成包圍圈以等待金兵。很快地，金兵大軍就到了，韓世忠便率領少數士兵迎戰，他們邊戰邊退，直把金兵引入伏擊圈。這時，只聽一聲砲響，宋軍伏兵從四面殺出，金兵頓時亂了陣腳，被打得一敗塗地，只得倉皇逃命。而金兀朮聽到失敗的資訊後大怒，囚禁起了送「假情報」的兩個投降派。

韓世忠這一招「反間計」運用得就非常巧妙，既打擊了金人，也打擊了投降派。在軍事上是這樣，在商戰中這樣的事例也很多。

西元 19 世紀中後期，當在美國的廣大曠野上發現了如黃金一樣寶貴的石油時，這裡頓時成為人們「淘金」的天堂。起初，為了維護自己的利益和抑制過於浮動的石油價格，泰

塔斯維的一些生產商們便組織了生產者同盟，這個組織的中堅人物叫亞吉波多。生產者同盟最初擬定了「每桶 4 美元」的原油保護價，可是後來隨著開採量的提高，原油日產量由 12 萬桶猛增到 16 萬桶，結果油價暴跌，保護價已成為一紙空文。再加上過度投資所帶來的種種競爭，生產廠商面臨著非常困難的境地。此時，生產者同盟發現生產嚴重過剩後，便決定採取半年內不准開採新油井的管制措施，希望這樣可以緩解石油過剩的危機。

就在這時，「石油大王」洛克斐勒（John Davison Rockefeller）開始把手伸向泰塔斯維。他先是做了一個令人費解的決定：以高價收購原油，每桶 4.75 美元。接著，金錢利益迅速瓦解了生產者同盟的「自我約束」，人們不再顧及什麼「不准開採新井」的禁令，紛紛開採新井。而與此同時，洛克斐勒又派出大批揹包裡塞滿了大量現金的掮客，去慫恿人們與他的公司簽訂供貨合約，在現金的誘惑下很多人紛紛就範。可是令人們沒想到的是，當洛克斐勒的公司購入了 20 萬桶原油後，他竟突然宣布解除合約。這時瘋狂投資、開採的結果已使原油的日產量高達 5 萬桶，那麼無論洛克斐勒的石油公司願出每桶 2 美元或更低，人們也都只能乖乖聽其擺布了。

兩年後一家名叫「艾克美」的新公司成立，所有者卻是亞吉波多。新公司很快開始收購同類行業的股票，人們這時

才醒悟，亞吉波多原來早就被洛克斐勒收買了，他們都成了犧牲品。

◆

資訊博弈啟示

為了達到自己的目的，有時不妨做些出人意料的舉動，讓人相信自己的「假」就是「真」；要盡力不使人產生懷疑，巧妙傳遞資訊，依靠「資訊不對等」，製造敵人內部的衝突；使用一些打破僵化思考的招數，讓對手摸不清己方的虛實，就可以贏得勝利。

電子書購買　　爽讀 APP

國家圖書館出版品預行編目資料

生活賽局中的心理博弈:從囚徒困境到納許均衡,
解析決策背後的動機原理,掌握商場先機 / 明道
著 . -- 第一版 . -- 臺北市:崧燁文化事業有限公
司 , 2024.07
面;　公分
POD 版
ISBN 978-626-394-527-2(平裝)
1.CST: 博奕論 2.CST: 策略管理
319.2　　113009878

生活賽局中的心理博弈：從囚徒困境到納許均衡，衡，解析決策背後的動機原理，掌握商場先機

臉書

作　　　者：明道
責任編輯：高惠娟
發 行 人：黃振庭
出 版 者：崧燁文化事業有限公司
發 行 者：崧燁文化事業有限公司
E - m a i l：sonbookservice@gmail.com
粉 絲 頁：https://www.facebook.com/sonbookss/
網　　　址：https://sonbook.net/
地　　　址：台北市中正區重慶南路一段 61 號 8 樓
8F., No.61, Sec. 1, Chongqing S. Rd., Zhongzheng Dist., Taipei City 100, Taiwan
電　　　話：(02) 2370-3310　　傳　　　真：(02) 2388-1990
印　　　刷：京峯數位服務有限公司
律師顧問：廣華律師事務所 張珮琦律師

定　　　價：330 元
發行日期： 2024 年 07 月第一版
◎本書以 POD 印製